Thorsten Jekel und Thomas Skipwith

30 Minuten

Online-Meetings

Bibliografische Information der Deutschen Nationalbibliothek
Die Deutsche Nationalbibliothek verzeichnet diese Publikation
in der Deutschen Nationalbibliografie; detaillierte bibliografische Daten sind im Internet über http://dnb.d-nb.de abrufbar.

ISBN 978-3-86936-265-6

Umschlaggestaltung: die imprimatur, Hainburg
Umschlagkonzept: Martin Zech Design, Bremen
Lektorat: Anna Ueltgesforth, Amorbach
Satz: Zerosoft, Timisoara (Rumänien)
Druck und Verarbeitung: Salzland Druck, Staßfurt

Wir drucken in Deutschland.

www.gabal-verlag.de
www.twitter.com/gabalbuecher
www.facebook.com/Gabalbuecher
www.instagram.com/gabalbuecher

PEFC zertifiziert
Dieses Produkt stammt aus nachhaltig
bewirtschafteten Wäldern und kontrollierten
Quellen.

www.pefc.de

In 30 Minuten wissen Sie mehr!

Dieses Buch ist so konzipiert, dass Sie in kurzer Zeit prägnante und fundierte Informationen aufnehmen können. Mithilfe eines Leitsystems werden Sie durch das Buch geführt. Es erlaubt Ihnen, innerhalb Ihres persönlichen Zeitkontingents (von 10 bis 30 Minuten) das Wesentliche zu erfassen.

Kurze Lesezeit

In 30 Minuten können Sie das ganze Buch lesen. Wenn Sie weniger Zeit haben, lesen Sie gezielt nur die Stellen, die für Sie wichtige Informationen beinhalten.

- Alle wichtigen Informationen sind blau gedruckt.

- Schlüsselfragen mit Seitenverweisen zu Beginn eines jeden Kapitels erlauben eine schnelle Orientierung: Sie blättern direkt auf die Seite, die Ihre Wissenslücke schließt.

- *Zahlreiche Zusammenfassungen innerhalb der Kapitel erlauben das schnelle Querlesen.*

- Ein Fast Reader am Ende des Buches fasst alle wichtigen Aspekte zusammen.

- Ein Register erleichtert das Nachschlagen.

Inhalt

Vorwort

Ob Vulkanausbruch in Island, das Coronavirus weltweit, neue Arbeitsmodelle, Umweltschutz und Zeitersparnis durch weniger Reisetätigkeit: Alles spricht dafür, dass immer mehr virtuell gearbeitet wird – im Homeoffice, im Unternehmen und am Strand, für interne Präsentationen und Kundensitzungen. Mit dieser Entwicklung sind wir an der Schnittstelle zwischen Technik und Rhetorik. Auf der einen Seite braucht es einen professionellen Einsatz der Technik und andererseits viele Elemente der Rhetorik, damit eine Online-Präsentation und ein Online-Meeting attraktiv daherkommen. Wir zeigen in diesem Buch viele Möglichkeiten auf, wie Sie Technik und Rhetorik erfolgreich einsetzen. Wir haben selbst schon in vielen Online-Meetings die Tipps und Tricks in diesem Buch ausprobiert und erfolgreich eingesetzt. Selbstverständlich lernen auch wir noch ständig Neues dazu. Tun Sie es uns gleich. Außerdem: Wenn Sie etwas Neues entdeckt haben, geben Sie uns Bescheid.

Wir hoffen, einen Beitrag zu leisten, Ihnen das Leben einfacher zu machen und dafür zu sorgen, dass es weniger langweilige Präsentationen gibt – gerade auch online.

Für einen besseren Lesefluss wird auf die gleichzeitige Verwendung der weiblichen und der männlichen Form verzichtet.

Wir wünschen Ihnen viel Inspiration und Erfolg bei Ihren zukünftigen Online-Meetings.

Thorsten Jekel und Thomas Skipwith
Berlin und Oberwil-Lieli (bei Zürich), September 2020

30 MINUTEN

1. Herausforderungen

Hätten Online-Meetings und Online-Präsentationen nur Vorteile, hätten sich diese schon vor Jahren durchgesetzt. Denn virtuelle Sitzungen und Erlebnisse stellen Sitzungsleiter und Trainer vor neue Herausforderungen. Je besser Sie diese kennen, desto besser können Sie Ihre Online-Meetings und -Trainings für Ihre Teilnehmer attraktiv gestalten.

1.1 Menschen lernen mit allen Sinnen

Mittlerweile ist gut erforscht, dass wir uns Botschaften und Erlebnisse deutlich besser merken, wenn möglichst viele Sinne angesprochen werden. Erst recht, wenn es sich um ein Training handelt und wir etwas nachmachen und selbst ausprobieren können. Das ist einer der zentralen Gründe für Live-Meetings und -Trainings. Wer nur passiv rumsitzt, schläft früher oder später ein. Da nützen auch zwei Liter Kaffee nichts. Bemühen Sie sich daher um Interaktion auch während des Online-Meetings. Denn in einem Online-Meeting werden üblicherweise nur zwei von fünf Sinnen angesprochen. Nutzen Sie deshalb beispielsweise Umfragen während Ihrer Präsentation. Begrüßen Sie die Teilnehmer zu Beginn mit Namen und machen Sie mit ihnen Small-Talk. Stellen Sie den Teilnehmern ruhig gleich zu Beginn ein paar lockere Fragen. Beispielsweise: Aus welcher Branche oder welchem Ort kommen Sie? Sind Teilnehmer aus dem Bereich XYZ dabei? Haben Sie schon Erfahrungen mit ABC? Per Handzeichen: Wer ist freiwillig hier? Wenn Sie eine Umfrage gemacht haben, gehen Sie kurz auf die Umfrageergebnisse ein und präsentieren Sie diese Ihrem Publikum.

Technik limitiert das optische und akustische Erlebnis

Sind ohnehin nur noch zwei Sinne am Erleben von On-line-Meetings beteiligt, reduziert die Technik – vor allem die auf Teilnehmerseite – das Erlebnis noch zusätzlich. Denn auf die technischen Gegebenheiten der Teilnehmer hat der Sitzungsleiter wenig bis keinen Einfluss. Eine Live-Präsentation oder -Sitzung ist zudem auch akustisch den PC-Lautsprechern oder den heimischen Boxen deutlich überlegen. Gleiches gilt für die Bild-übertragung, bei der der Teilnehmer darüber hinaus nur noch einen kleinen Bildausschnitt seines Gegen-übers sieht. Er ist davon abhängig, wohin die Kamera schwenkt und wie groß der gezeigte Bildausschnitt ist. Bei realen Sitzungen gibt es diese Limitierungen nicht. Vergewissern Sie sich deshalb auch gleich zu Beginn Ihres Online-Meetings, dass die meisten Teilnehmenden Sie gut hören und sehen können.

Sorgen Sie dafür, dass die Technik (wenigstens) auf Ihrer Seite gut ist. Wer ein schlechtes Bild sieht und/oder einen schlechten Ton zu hören bekommt, schaltet schnell ab.

1.2 Die Aufmerksamkeitsspanne ist gering

Vor allem im Internet ist die Aufmerksamkeitsspanne der meisten Menschen besonders gering. Man sagt mittlerweile sogar, dass ein Goldfisch mit neun Sekunden eine höhere Aufmerksamkeitsspanne habe als wir Menschen mit nur noch acht Sekunden. Mit einem durchdachten Konzept, interaktiven Elementen und Aufforderungen wie: „Schließen Sie am besten alle Browser", können Sie dem entgegenwirken.

Fordern Sie Ihre Teilnehmer regelmäßig auf, etwas zu tun. Bieten Sie außerdem Abwechslung an, z. B. indem Sie zwischen Einzelpräsentation und Interviewsituation abwechseln. In diesem Buch gehen wir auf die verschiedenen Möglichkeiten ein.

1.3 Den Aufwand nicht unterschätzen

Dank Online-Meetings können erhebliche Kosten gespart werden. Reise- und Übernachtungskosten, Kosten fürs Catering und die Miete des Raumes fallen allesamt weg. Hingegen muss der Sitzungsleiter oder Trainer einiges an zusätzlichem technischen Aufwand leisten, damit das Meeting auch online ein Erfolg wird.

Denn nichts ist schlimmer, als wenn zu Beginn eines Online-Meetings technische Probleme auftreten oder die Teilnehmer während des Meetings einschlafen.

Der Aufwand für ein spannendes und interaktives Online-Meeting ist meist größer als der für eine herkömmliche Sitzung. Nehmen Sie sich deshalb genug Zeit für die Vorbereitung.

30 MINUTEN

2. Technik

Ohne Hard- und Software sind Online-Meetings undenkbar. Eine Webcam, ein Mikrofon und eine stabile Internetverbindung sind Mindestvoraussetzungen, damit ein Online-Meeting gelingt. Dank den Möglichkeiten einer Videokonferenz lässt sich Interaktion mit den Teilnehmern einbauen und so zu einer stringenten Führung des Publikums beitragen. Mehr dazu im Kapitel 4 „Professionell präsentieren" ab Seite 51.

Das oberste Gebot der Technik sollte auf alle Fälle immer lauten: „Technik ist dann gut, wenn man sie nicht bemerkt." (Thilo Baum)

Die jeweiligen technischen Vor- und Nachteile einzelner Lösungen hier im Detail zu beschreiben ist schwierig und schnell veraltet. Dennoch wollen wir die derzeit gängigen Anbieter kurz vergleichen, sodass Sie sehen, worauf es sich lohnt zu achten.

2.1 Anbieter von Plattformen für Videokonferenzen

Die gängigsten Anbieter auf dem Markt für Online-Meetings und Videokonferenzen sind Zoom, Microsoft Teams, Skype, Google Hangouts und Google Meet, WebEx, GoToMeeting, BlueJeans und Jitsi. Alle diese Lösungen sind sehr leistungsfähig, haben aber jeweils spezifische Vor- und Nachteile. Von daher lohnt sich der Vergleich, um die für Sie passende Lösung auszuwählen.

Die wichtigsten Entscheidungskriterien sind:
- Stabilität
- Anzahl der Teilnehmer mit/ohne Video
- Möglichkeiten der Bildschirmfreigabe
- Interaktionsmöglichkeiten per Chat
- Schnittstellen zu Whiteboard-Lösungen
- Option der Aufteilung in Untergruppen
- Datenschutz
- Verfügbare Plattformen
- Bedienungsfreundlichkeit
- Integration in Unternehmen
- Kosten

MS Teams hat beispielsweise den Vorteil der besonders guten Integration in die Microsoft-Welt und die Unterstützung der Arbeitsorganisation in Abteilungen und Projektteams. Es ist die strukturierte Antwort von Microsoft auf den Bestseller Slack. Häufig ist Teams im Rahmen einer Office-365-Lizenz bereits im Unternehmen vorhanden und kann somit ohne Zusatzkosten genutzt werden. Mit MS Teams können sogar bis zu 10 000 Zuschauer ohne Aufpreis dazugeschaltet werden. Teams wird von Microsoft auch stetig weiterentwickelt. Konnten zu Beginn nur maximal vier Teilnehmer im Video dargestellt werden, waren es zur Drucklegung des Buches bereits 49. Darüber hinaus bietet es u. a. einen gemeinsamen Dateiablagebereich und es kann modular erweitert werden.

Skype ist die Consumer-Variante von Skype for Business, welches mittlerweile von Microsoft in Teams integriert wird. Beide Dienste können miteinander kommunizieren. Dieser Trend setzt sich auch herstellerübergreifend mehr und mehr durch. Das Stichwort hierfür lautet Interoperabilität. Somit sind Sie in Zukunft weniger abhängig davon, welche Videokonferenzlösungen Ihre Kunden und Geschäftspartner nutzen. Wir nutzen heute beispielsweise alle gängigen Anbieter, um uns unseren Kunden anzupassen. Das sollten Sie grundsätzlich ebenfalls tun, denn der Wurm sollte ja bekanntlich dem Fisch und nicht dem Angler schmecken.

Zoom ist mit Abstand die stabilste und leistungsfähigste Videokonferenzlösung für die meisten Anforderungen. Durch seine vielfältigen Schnittstellen lässt es sich sehr gut in andere Systeme integrieren. Mittlerweile ist es auch gut verschlüsselt und kann, wenn es richtig eingestellt wird, auch DSGVO-konform genutzt werden. Zoom kann, wie die meisten Systeme auch, nicht nur mit PCs, sondern auch mit Konferenzraumsystemen genutzt werden. Das ist in Unternehmen sinnvoll, in denen in Besprechungsräumen per Knopfdruck Meetings gestartet werden sollen. Meist haben diese Lösungen auch eine Konferenzraumspinne. Das ist eine Tischmikrofonanlage mit mehreren Richtmikrofonen, die einen möglichst optimalen Ton sicherstellt, ohne dass die Teilnehmer ein Headset tragen müssen.

Wer etwas mehr Datenschutz benötigt, sollte sich einmal BlueJeans als Zoom-Alternative ansehen. Die Lösung ist fast so komfortabel wie Zoom und ermöglicht auch die Unterteilung in Breakout Rooms. Die Datensicherheit ist hier jedoch etwas höher. Es ist z. B. ein System, das von der DATEV (ein Softwarehaus und IT-Dienstleister für Steuerberater, Wirtschaftsprüfer und Rechtsanwälte) eingesetzt wird.

Google bietet mit Hangouts eine Variante für Endkunden und mit Meet eine Businesslösung zur Videotelefonie. Der Hauptunterschied besteht in der Anzahl der Teilnehmer, die bei der Privatkundenvariante deutlich geringer ist. Analog zu Teams für Microsoft-Kunden ist Google Meet in der G Suite für Firmenkunden enthalten. Die G Suite ist generell eine sehr gute Alternative für Office 365. Viele namhafte Unternehmen setzen auf diese Lösung und zahlen auf diese Weise als Firmenkunden bei Google mit Geld und nicht mit ihren Daten.

WebEx war in vielen Unternehmen in der Vergangenheit ein eher ungeliebtes System, da es recht bedienungsunfreundlich war. Das hat sich mittlerweile deutlich verbessert. Die aktuellen Versionen sind leicht zu bedienen und sehr leistungsfähig. Darüber hinaus gibt es hierfür viele gute Konferenzraumsysteme. Besonders gut gefällt uns die Zoom-Funktion auf dem iPhone im Querformat. So können Sie sogar freigegebene Dokumente in Videokonferenzen auf dem iPhone anzeigen.

Wer den Fokus auf Webinare legt, sollte sich einmal GoToMeeting ansehen. Diese Lösung hat eine sehr leistungsfähige Webinar-Option. Der Hauptunterschied zwischen den Meeting- und den Webinar-Lösungen aller Anbieter ist, dass bei Meetings in der Regel alle Teilnehmer ihr Video und ihren Ton aktivieren können, während das bei den Webinar-Lösungen nur nach Freigabe durch den Webinar-Leiter möglich ist.

Wenn Sie einen eigenen Server für Ihre Videokonferenzen aufbauen wollen, ist Jitsi eine sehr empfehlenswerte Lösung. Sie sollten allerdings darauf achten, genügend Internetbandbreite für Ihren eigenen Server bereitzustellen, und auch der Aufwand für das Betreiben eines eigenen Servers ist nicht zu unterschätzen. Auf alle Fälle sollten Sie die Lösung auf Herz und Nieren testen, bevor Sie sie im Kundeneinsatz nutzen. Bei vielen Teilnehmern sind andere Lösungen oft deutlich stabiler.

Da sich die Leistungen der Anbieter fast wöchentlich weiterentwickeln, erhalten Sie als Leserservice zu die-

sem Buch eine immer aktuelle tabellarische Gegen-
überstellung der wichtigsten Anbieter auf www.jekel-
team.de/Onlinemeetings. Auf dieser Seite finden Sie
auch weiteres Bonusmaterial zu diesem Buch.

*Vergleichen Sie die unterschiedlichen Anbieter
und entscheiden Sie sich für denjenigen, der Ihren Bedürfnissen am nächsten kommt. Wir halten
online einen aktuellen Vergleich für Sie bereit.*

2.2 Hardware

Kamera

Die werkseitig verbauten Webcams haben leider in der
Regel eine sehr schlechte Bildqualität. Von daher empfiehlt sich immer eine externe Webcam. Der Klassiker ist
die Logitech C920 HD. Sie hat aus unserer Sicht zur Zeit
der Drucklegung ein sehr gutes Preis-Leistungs-Verhält-
nis und arbeitet mit allen Systemen reibungslos zusammen. Darüber hinaus hat sie sogar ein Stativgewinde und
ist damit sehr flexibel einsetzbar. Mit einer kostenfreien
Zusatzsoftware von Logitech können Sie sogar noch viele weitere Einstellungen und den Zoomfaktor anpassen.
Jedes Smartphone der neueren Generation hat eine
bessere Kamera eingebaut als viele Laptops und Desktops. Von daher können Sie auch diese Kamera nutzen.
Hierzu installieren Sie am besten die App EpocCam, die
es für alle gängigen Betriebssysteme gibt.

Wenn Sie einen Camcorder haben, können Sie auch diesen mit einem Adapter als USB-Webcam an Ihren Rechner anschließen. Ohne zusätzliche Software geht das beispielsweise mit dem Elgato Cam Link 4K.

Belichtung

Ihr Gesicht und Körper sollen gut sichtbar sein. Achten Sie deshalb darauf, dass hinter Ihnen kein Fenster ist. Die Webcam kann mit einem hellen Hintergrund kein gutes Bild von Ihnen erzeugen – der Hintergrund wird hell, Sie sind schlecht ausgeleuchtet, manchmal fast schwarz. Es ist auch ungünstig, wenn die Sonne (plötzlich) von vorne hereinscheint. Die hellen Sonnenstrahlen stören nicht nur Sie im Gesicht, sondern auch die Webcam.

Wenn Sie oft an Online-Meetings teilnehmen, lohnt sich die Investition in professionelle Lampen, z. B. ein Ringlicht.

Tipp: Brillenträger sollten darauf achten, dass ihre Gläser nicht das Licht der Scheinwerfer oder des Fensters reflektieren. Denn so kann man Ihre Augen nicht mehr oder nur schlecht sehen. Wenn Sie auch Kontaktlinsen tragen, empfehlen wir bei Online-Meetings eher diese statt einer Brille. Damit sich das Licht nicht spiegelt, sollten Sie den Einfallwinkel des Lichts verändern. Wenn Sie für die Belichtung mit einer Softbox oder mit LED-Panels arbeiten, fällt das besonders einfach: Verschieben Sie sie oder positionieren Sie sie ein bisschen höher. Bei Tageslicht müssen Sie ihre Position im Verhältnis zum Fenster verschieben oder mit einem Tagesvorhang arbeiten.

Der Profi achtet hier auf die Farbtemperatur zwischen Weiß und Gelb. Das weiße Tageslicht sieht kalt aus, ein Tonabgleich mit Gelb lässt die Hautfarbe natürlicher aussehen.

Wenn Sie als Redner mit mehr Tiefe angezeigt werden wollen, also 3D, dann empfiehlt der Lichttechniker zusätzlich ein Spitzlicht. Es kommt von hinten und beleuchtet Schultern und Kopf.

Kleidung

Obwohl sie manchmal vom Homeoffice aus präsentieren, wirken Redner auch vor der Webcam professioneller in Anzug und Krawatte als in Boxershorts und Schlabber-T-Shirt.

Wie bei der Belichtung eignen sich weiße Kleider und Hemden nicht. Um Ihr Gesicht korrekt zu beleuchten, müssten Sie die Helligkeit der Webcam in diesem Fall von Hand einstellen. Wer sich diesen Aufwand sparen will, zieht am besten von Anfang an mindestens ein hellblaues Hemd oder zusätzlich ein einfarbiges dunkles Jackett an.

Hauttyp

Beachten Sie auch Ihren Hauttyp. Je nach Hauttyp werden Sie durch die Kleidung und den gewählten Hintergrund eher blass oder kraftvoll lebendig aussehen.

Kopfhörer und Mikrofon

Dank Kopfhörer und Mikrofon klingen Anrufe oft für alle viel besser. Wenn Sie kein Mikrofon haben, benutzen Sie trotzdem Kopfhörer. Wirklich. Selbst ein preiswertes Paar Kopfhörer hilft (wenn Sie nicht in ein externes Mikro investieren wollen). Oder Sie benutzen ein Podcast- oder Ansteckmikrofon. Eine gute Möglichkeit ist auch die Nutzung eines einohrigen Headsets. Damit haben Sie noch ein Ohr frei, falls Sie parallel telefonieren müssen. Das ist vor allem bei Einwahlproblemen der Teilnehmer hilfreich. Auf der Website zum Buch finden Sie jeweils aktuelle Hardwareempfehlungen von uns.

Mikrofon auf stumm

Wenn Sie nicht sprechen, empfehlen wir Ihnen, Ihr Mikrofon stummzuschalten. Bei Gruppen von mehr als drei Personen ist das eine wichtige Etikette. Es ist auch eine gute Regel, unabhängig von Ihrer Gruppengröße, wenn Sie Kinder oder Haustiere haben oder in Ihrer Umgebung häufig unerwartete Geräusche wie Straßenlärm auftreten.

Der Moderator des Online-Meetings sollte immer bereit sein, alle Teilnehmer außer dem Redner stummzuschalten. Das verhindert störende Geräusche, Gespräche und Lärm von einem der Teilnehmer.

Gerade um bei Niesattacken schnell reagieren zu können, empfiehlt sich auch ein Headset mit einem Stummschalter. Das geht immer schneller als eine Einstellung am Rechner. Tückisch ist allerdings dabei, dass man gern einmal vergisst, den Stummschalter zu deaktivieren und man sich wundert, weshalb man trotz aktivierter Einstellungen am Rechner keinen Ton zu hören bekommt.

Mit zwei Klicks gelingt die Stummschaltung, wenn Sie als Host erst alle Teilnehmer stummschalten und bei sich selbst die Stummschaltung wieder aufheben.

Stativ

Mit einem Stativ können Sie dafür sorgen, dass die Zuschauer nicht Ihre Nasenloch-Perspektive (frei nach Klaus Siedenhans) sehen. Und man sieht so auch nicht die Zimmerdecke. Auf diese Weise konzentriert sich der Zuschauer weder auf Ihr Kinn noch auf die Decke, sondern auf Sie und das, was Sie zu sagen haben.

Statt eines Stativs können Sie auch beispielsweise eine stabile Schuhschachtel oder einen Kochtopf (Idee von Robert Spengler) benutzen. Letzteren drehen Sie einfach um und stellen Ihren Laptop darauf. Schon ist die Kamera um einiges höher als ohne. Das geht auch mit einem Stapel Getränkekisten (Idee von Joachim Simon).

2.3 Für Fortgeschrittene

Software

Für Interaktionen eignet sich das Tool Mentimeter sehr gut. Mit diesem Tool können Sie Fragen an die Teilnehmer stellen und mittlerweile sogar Quiz veranstalten. Da kommt keine Langeweile auf. Mit Wortwolken können Kernbegriffe herausgearbeitet, und die Ergebnisse im Nachgang als PDF- oder Excel-Dateien exportiert werden.

Mit Padlet können Sie eine digitale Pinnwand erstellen und im Team daran arbeiten. Das können Sie u. a. für Kanbanboards, digitale Metaplanwände und Fotowände nutzen.

Wichtig bei allen Interaktionstools ist, dass sie einfach zu nutzen und sehr flüssig zu bedienen sind. Deshalb sind die beiden folgenden Dienste auch unsere persönlichen Favoriten:

Ecamm Live (nur für Mac): Mit dieser Software können Sie wie in einem Fernsehstudio arbeiten. Mit Schaltflächen entscheiden Sie, was gerade angezeigt/gestreamt werden soll. So können Sie verschiedene Kameras, YouTube-Clips, PowerPoint-Präsentationen etc. auswählen. Das Ergebnis (Ausgabesignal) von Ecamm können Sie dann als virtuelle Webcam in Ihre Videokonferenzlösung einspielen.

Eine gute Alternative zu Ecamm ist Prezi Video. Sie erlaubt, wie Ecamm Live, eine zusätzliche Ebene im selben Fenster einzublenden, auf dem Sie angezeigt werden. In diesem kleinen Video auf YouTube wird die Funktion vorgestellt: https://youtu.be/iK79dwcgqlA.

Falls Sie lieber mit Hardware arbeiten – also lieber Knöpfe drücken, um den Input zu wechseln –, können Sie beispielsweise den Videomischer ATEM Mini benutzen, um mehrere Inputs zu einem Programm zu mischen. Der Videomischer wird per USB-C an Ihren Rechner angeschlossen und ebenfalls als Webcam erkannt. Im Handel ist der ATEM Mini für etwa 320 Euro zu haben. Beachten Sie: Die HDMI-Kabel müssen Sie zusätzlich kaufen.

Zweites Gerät

Wählen Sie sich mit einem zweiten Gerät ein, sodass Sie sehen können, wie es für die Teilnehmer aussieht und klingt. Auf diese Weise können Sie sich und den anderen Teilnehmern die häufigen Fragen wie „Könnt Ihr mich sehen? Könnt Ihr mich hören?" meistens ersparen.

Zweiter Bildschirm

Ein zweiter Bildschirm kann Ihnen helfen, die Übersicht über mehrere geöffnete Fenster zu behalten. Manchmal ist sogar ein dritter Bildschirm sinnvoll. Wenn Sie ein iPad haben, können Sie dies mit der Software Duet Display als Zweitdisplay für Ihren Mac oder PC nutzen. Wenn Sie einen aktuellen Mac nutzen, ist diese Funktion sogar im Betriebssystem integriert. Die Funktion heißt Sidecar und Sie finden sie in den Mac-Einstellungen.

Zeitverzögerung zwischen Bild und Ton
Speisen Sie den Ton direkt in die Kamera. Auf diese Weise kommen die Signale für Bild und Ton gleichzei-

tig bei der Streaming-Software an. Andernfalls müssen Sie eine Software dazwischenschalten, die den Ton verzögern kann. Beim oben erwähnten ATEM Mini können Sie dies sogar direkt einstellen.

Wenn Ihnen ein klares Bild und ein guter Ton wichtig sind, dann investieren Sie in eine externe Webcam und ein externes Mikrofon. Außerdem ist ein Stativ oft hilfreich für einen gezielten Bildausschnitt. Fortgeschrittene benutzen zusätzliche Soft- und Hardware.

2.4 Hintergrund

Virtuelle Hintergründe

Häufig sieht der Hintergrund im Homeoffice nicht gerade gut aufgeräumt aus. Um professioneller auszusehen – und nicht aufräumen zu müssen –, gibt es mehrere Möglichkeiten.

Die einfachste Möglichkeit ist eine mattweiße Dia-Leinwand im Hintergrund. Diese stellen Sie einfach bei Bedarf auf. Idealerweise sollten Sie dann etwas Dunkles tragen, damit der Kontrast stimmt.

Viele Tools, wie Teams und Zoom, bieten darüber hinaus die Möglichkeit von virtuellen Hintergründen an. Diese funktionieren am besten vor einfarbigen Flächen wie der eben erwähnten Leinwand oder einem Greenscreen.

Ein virtueller Hintergrund ist bei den meisten Tools möglich – bei Zoom ist es besonders einfach.

Sie können einerseits virtuelle Hintergründe selbst erstellen (1280 x 720 Pixel) oder sie aus dem Internet herunterladen. Achten Sie bei Letzteren darauf, dass Sie die Rechte erhalten/haben.

Eine gute Quelle für vorgefertigte Hintergründe (inkl. Videos) ist Canva.com. Achten Sie jedoch immer darauf, dass der Hintergrund die Zuschauer nicht zu stark vom Inhalt der Sitzung ablenkt.

Weitere Gratisbilder finden Sie auf Unsplash.com und Pixabay.com.

Wenn Sie richtig professionell unterwegs sein wollen, dann arbeiten Sie mit einem Greenscreen. So wird die Kamera auch Ihre Gestik problemlos anzeigen. Andernfalls ist die Kombination von Kamera und virtuellem Hintergrund zu langsam bei schnellen Bewegungen, sodass die Bewegungen verschwommen oder mit „Fischhäuten" angezeigt werden.

Je nachdem, ob Sie mit oder ohne Greenscreen arbeiten, sollten Sie darauf achten, ob das Häkchen für Greenscreen in der Software gesetzt ist oder nicht. Auf diese Weise erzeugen Sie den bestmöglichen Hintergrund.

Mit dem oben erwähnten ATEM-Mini-Videomischer können Sie bereits ganz einfach einen virtuellen Hintergrund erzeugen. Das sieht deutlich besser aus als die Softwarelösungen und es funktioniert auch auf älteren Rechnern wunderbar.

Tipp für Toastmasters und andere Zeitnehmer: Sie können sich drei virtuelle Hintergründe vorbereiten: einen grünen, einen orangen und einen roten Hintergrund. Nach einer mit dem Redner vereinbarten Zeit wechseln Sie als Zeitnehmer Ihren Hintergrund auf Grün, dann auf Orange und kurz vor Schluss auf Rot. Angenommen, der Redner hat 15 Minuten für seine Präsentation erhalten. Nach 10 Minuten wechselt der Zeitnehmer auf Grün, nach 12 Minuten auf Orange und nach 14 Minuten auf Rot. Auf diese Weise erkennt der Redner, wie er in der Zeit liegt, und kann punktgenau aufhören.

Virtuellen Hintergrund hinzufügen

Zoom ist u. a. bekannt geworden, weil die Software von Anfang an nach Setzen eines Häkchens erlaubt hat, einen virtuellen Hintergrund einzublenden. Dank dieser Funktion können Sie einen Videoanruf aus einem unordentlichen Raum aufnehmen und ihn durch Hinzufügen eines virtuellen Hintergrunds ausblenden. Diese Funktion funktioniert am besten, wenn Sie einen grünen Hintergrund (Greenscreen) haben, aber sie ist auch ganz in Ordnung, wenn Sie keinen Greenscreen haben. Im Hintergrund können Sie auch Ihre eigenen Bilder hochladen. Es kann eine Landschaft, ein Stadtbild oder sogar das Logo Ihrer Organisation sein. Diese Funktion finden Sie in den Einstellungen Ihres Videokonferenz-Programms.

Greenscreen

Ein Greenscreen ist sehr empfehlenswert. Im Wesentlichen geht es darum, eine einheitliche Farbe im Hintergrund zu haben. Dank der einheitlichen Farbe kann die Software viel einfacher den Hintergrund erkennen und durch einen anderen Hintergrund ersetzen. Dadurch werden Ihre (Hand-)Bewegungen viel schneller übertragen. Es gibt fast keine Verzögerungen, wenn Sie gestikulieren. Ein Fernsehstudio macht es genauso. Es gibt verschiedene Modelle von Greenscreens.

Ein Modell lässt sich direkt an den Bürostuhl montieren. Solange Sie sitzen, ist das eine sehr elegante und portable Lösung.

Sie können aber auch einfach ein Roll-up-Banner in extragroß bestellen. Vorsicht: Viele sind nur zwei Meter hoch, so können Sie möglicherweise nicht den ganzen Raum ausfüllen, den Sie brauchen, wenn Sie beim Reden stehen wollen. Ein kleiner Tipp: Wenn das Roll-up zu kurz ist, können Sie es auch auf zwei Getränkekisten stellen, denn oft sind die Füße ohnehin nicht im Bild.

Als dritte Variante können Sie im Baumarkt oder im Internet Stative mit einer Querstange kaufen und ein grünes Tuch dranhängen.

Noch eleganter sind Rollos, die Sie sich im Büro an die Decke oder die Wand montieren. In diesem Fall lässt sich der Greenscreen ganz besonders einfach „wegräumen", ähnlich wie Leinwände.

Übrigens, das Tuch für den Greenscreen muss nicht unbedingt gebügelt sein. Es ist aber so, dass je glatter es ist, desto besser funktioniert es. Die Software kann einen gleichmäßigen Farbton einfacher erkennen, und Falten im Tuch erzeugen Schatten, was unterschiedliche Grüntöne erzeugt. Noch professioneller wird es, wenn Sie nicht nur sich selbst, sondern auch den Greenscreen beleuchten.

Firmenbranding mit Vanity URL und Logo

Gerade für Firmen ist es interessant, wenn das Branding eingehalten wird. So ist das auch bei dem einen oder anderen Anbieter möglich.

Auf Anfrage und mit ein wenig HTML-Kenntnissen kann man das beispielsweise bereits seit längerer Zeit bei Zoom einrichten. Mit der URL können Sie dann zu ihrefirma.zoom.us wechseln. Es ist mittlerweile auch möglich, Ihren Zoom-Raum in Ihre Website einzubinden. Hierzu finden Sie eine Anleitung auf der Website zum Buch: www.jekelteam.de/Online-Meetings

Entweder der Hintergrund unterstützt Ihre Botschaft, oder er lenkt das Publikum ab. Damit der Hintergrund gut aussieht, gibt es die Möglichkeiten eines virtuellen Hintergrunds mit und ohne Greenscreen. So können Sie beispielsweise auch das Corporate Design umsetzen.

2.5 Zoom

Chat anzeigen

In Zoom haben Sie am unteren Bildschirmrand eine Menüleiste, die spätestens dann auftaucht, wenn Sie mit der Maus an den unteren Bildschirmrand fahren. Klicken Sie auf die Schaltfläche Chat. Dort können Sie private Nachrichten an einzelne Teilnehmer oder öffentliche an alle senden.

Zum Schluss der Sitzung können Sie ein Protokoll des Chats speichern. Der Chat in Breakout Sessions wird nicht automatisch mitabgespeichert. Von daher ist es hier wichtig, dass es pro Breakout Session einen Verantwortlichen gibt, der den Chat bei Bedarf per Kopieren & Einfügen in ein Word-Dokument einfügt.

Teilnehmerliste anzeigen

In Zoom haben Sie am unteren Bildschirmrand eine Menüleiste, die spätestens dann auftaucht, wenn Sie mit der Maus an den unteren Bildschirmrand fahren. Klicken Sie auf die Schaltfläche Teilnehmer. Am rechten Fensterrand wird die Liste mit den Teilnehmern angezeigt. Dort können Sie sehen, wessen Mikrofone und Webcams aktiviert sind. Auch sehen Sie dort, ob Sie oder ein anderer Teilnehmer die virtuelle Hand gehoben hält.

Winken und Klatschen

Die Software Zoom hat eine Schaltfläche auf der Menüleiste am unteren Bildschirmrand, die es Ihnen erlaubt, virtuell zu klatschen oder zu winken. Das halten wir nur für beschränkt nützlich. Es hat sich als viel interaktiver herausgestellt, wenn Sie die Teilnehmer dazu auffordern, echt zu klatschen und zu winken. Das hält sowohl denjenigen wach, der mitmacht, als auch diejenigen, die zuschauen.

Side-by-side-Modus

Der Side-by-side-Modus ermöglicht es, dass Sie Ihren Bildschirm teilen und beispielsweise eine PowerPoint-Präsentation anzeigen können, gleichzeitig aber von Ihren Zuschauern weiterhin als Redner in einem Teil des Fensters gesehen werden können. Das ist viel persönlicher als die vielen Webinare, während derer Sie nur die Folien sehen und die Stimme aus dem Off kommt. Die Größe der beiden Fensterbereiche – die PowerPoint-Präsentation und Ihr Bild (oder die Galerieansicht der Teilnehmer) – kann mit der Maus angepasst werden. Manche bevorzugen es, beide Fenster in etwa gleich groß anzuzeigen. Auf diese Weise sieht man die Folie und den Redner sehr gut. Mittlerweile können Sie in Zoom sogar PowerPoint-Folien hinter sich als Redner einblenden. Zu beachten ist dabei lediglich, dass dabei alle Animationen und Videos verloren gehen.

Wechsel zwischen Ansichten

Sie können sich die Teilnehmer in unterschiedlichen Ansichten ansehen. Sie können wechseln zwischen einer Galerieansicht, deren Anordnung einem Schachbrett entspricht, und der Sprecheransicht, bei der der Redner hervorgehoben wird.

Manche Anbieter erlauben in den Einstellungen zu bestimmen, ob diejenigen, die ihre Kamera ausgeschaltet haben, angezeigt werden sollen oder nicht. Ohne deren Videobild müssen Sie sich von ihnen und deren Namen oder Initialen nicht ablenken lassen.

Zoom Bombing ade

Wer als Host die richtigen Einstellungen vornimmt, wird sicherlich nicht Opfer eines sogenannten Zoom-Bombings. Zoom-Bombing bedeutet, jemand verschafft sich unerlaubt Zugang zum Meeting und teilt diskriminierenden Inhalt mit allen anderen, ohne dass Sie, der Gastgeber (Host), das wollen.

Eindeutige ID

Wenn Sie ein Zoom-Konto erstellen, weist Ihnen die App eine Personal-Meeting-ID (PMI) zu. Es handelt sich dabei um einen numerischen Code, den Sie Personen schicken können, wenn Sie sich mit ihnen treffen möchten. Sie können die ID immer wieder verwenden; sie läuft nicht ab. Bei Dauersitzungen mit einem Team oder bei einem wöchentlichen Check-in ist es sinnvoll, denselben Code zu verwenden, da die Teilnehmer daran teilnehmen können, ohne sich die Anmeldenummer für diese Woche raussuchen zu müssen.

Zoom bietet Ihnen auch die Möglichkeit, Ihre PMI nicht für eine Sitzung zu verwenden und stattdessen einen eindeutigen Code zu generieren. Wenn Sie Gastgeber eines großen öffentlichen Zoom-Anrufs sind, ist es sehr viel sinnvoller, einen einmaligen Code statt Ihrer PMI zu verwenden, denn sobald Sie Ihre PMI veröffentlicht haben, kann jeder jederzeit in Ihre Zoom-Anrufe einsteigen.

Wenn Sie eine Zoom-Besprechung planen, suchen Sie nach den Optionen für die Besprechungs-ID und wählen Sie „automatisch generieren". Damit schließen Sie eine der größten Lücken, die Zoom-Bomber ausnutzen können.

Meeting-Passwort

Nehmen wir an, Sie laden öffentlich zu einem Treffen ein, aber Sie verlangen erst eine Antwort (ein RSVP: Répondez s'il vous plait. Auf Deutsch: U.A.w.g.: Um Antwort wird gebeten.), um die Liste derjenigen zu überprüfen, die sich angemeldet haben. Eine Möglichkeit, das Treffen zu schützen, besteht darin, ein Passwort zu setzen, das nur an diejenigen herausgegeben wird, die geantwortet haben und vertrauenswürdig sind.

Um eine Besprechung mit einem Passwort zu schützen, aktivieren Sie bei der Planung einer Besprechung das Kästchen neben „Passwort für Besprechung verlangen".

Mit Kontakten verbinden

Ähnlich wie Sie es von Skype oder WhatsApp kennen, können Sie sich auch bei Zoom mit Ihren Kontakten verbinden. Damit das gelingt, müssen Sie Ihren Kontakten, am besten vorgängig, eine Einladung schicken. Diese registrieren sich bei Zoom und akzeptieren Ihre Einladung. Die Kontakte tauchen auf Ihrer Kontaktliste auf. Wenn Sie ein Meeting starten, können Sie nun auf der Kontaktliste diejenigen auswählen, die Sie zu Ihrem Online-Meeting einladen wollen. Die Eingeladenen müssen nur noch auf den Link in der Einladung klicken und sich nicht über Meeting-ID oder Passwort einloggen.

Registrieren

Schon Tage vor der Videokonferenz kann man die Teilnehmer dazu auffordern, sich für die Videokonferenz zu registrieren. Dadurch haben Sie eine größere Kontrolle, wer mitmachen wird und wer nicht.

Voraus-Formular

Je nachdem, wie Sie Zoom verwenden, wissen Sie möglicherweise nicht, wer an Ihrem Anruf teilnimmt, und kennen keine Details über ihn, wie seinen Hintergrund oder was er sich von dem Anruf erhofft. Eine Möglichkeit, Informationen von den Teilnehmern zu sammeln, besteht darin, sie aufzufordern, vor der Teilnahme ein Formular auszufüllen. Sie können nach allgemeinen Informationen wie Name und E-Mail-Adresse fragen oder ein benutzerdefiniertes Formular erstellen.

Um ein Formular zu erstellen, muss der Gastgeber über ein lizenziertes Konto verfügen und das Meeting kann nicht Ihre persönliche Meeting-ID verwenden. Wenn Sie diese Anforderungen erfüllen, öffnen Sie das Webportal Zoom und wählen Sie Meetings. Hier können Sie entweder ein bevorstehendes Meeting auswählen oder ein neues Meeting planen. Markieren Sie anschließend das Ankreuzfeld „erforderlich" neben „Registrierung". Suchen Sie anschließend nach einem Abschnitt mit dem Namen Branding, in dem Sie Ihr Formular erstellen können. Sie können sogar ein Banner und ein Logo hinzufügen. Sie haben bei Zoom auch die Möglichkeit, automatisch alle Personen genehmigen zu lassen, die zum Meeting erscheinen und das Formular ausfüllen. Oder Sie können die Formulare überprüfen und die Teilnehmer nach eigenem Ermessen genehmigen.

Warteraum

Ein Zoom-Anruf kann auf zwei Arten gestartet werden. Er kann in dem Moment beginnen, in dem sich die erste Person in den Anruf einloggt, oder er kann beginnen, wenn der Gastgeber sagt, dass er beginnen soll. Bei kleinen Gruppen von Personen, die sich kennen, ist es üblich, dass man sich einloggt und Small-Talk macht, während man darauf wartet, dass alle anderen sich anschließen. Manchmal möchte man sie plaudern lassen. Bei anderen Anrufen jedoch möchten Sie vielleicht nicht, dass die Teilnehmer miteinander plaudern oder gar den Anruf offiziell beginnen lassen, bis Sie, der Gastgeber, sich angemeldet haben und bereit sind.

In diesem zweiten Fall besteht die Lösung darin, einen Zoom-Warteraum einzurichten. Wenn sich die Teilnehmer zur Telefonkonferenz anmelden, sehen sie einen Bildschirm des Warteraums, den Sie anpassen können, und sie werden erst in die Telefonkonferenz eingelassen, wenn Sie, der Gastgeber, sie hereinlassen. Sie können die Teilnehmer alle auf einmal oder einen nach dem anderen hereinlassen, d. h., wenn Sie Namen sehen, die Sie nicht kennen, müssen Sie sie überhaupt nicht hereinlassen.

Tipp: Lassen Sie die Teilnehmer nicht im Warteraum versauern. Am besten haben Sie einen Assistenten (Co-Host), der sich um den Einlass der Teilnehmer kümmert, sodass Sie sich voll auf die Inhalte Ihrer Präsentation konzentrieren können.

Wenn alle Teilnehmer im Zoom-Meeting sind, können Sie den Meetingraum auch für weitere Zugänge sperren.

Bildschirm freigeben

Lassen Sie niemanden den Bildschirm während eines Zoom-Anrufs kapern. Um dies zu verhindern, stellen Sie sicher, dass in Ihren Einstellungen festgelegt ist, dass die einzigen Personen, die ihren Bildschirm freigeben dürfen, Hosts sind.

Sie können diese Einstellung sowohl im Voraus als auch während eines Anrufs aktivieren.

Gehen Sie im Voraus zum Webportal Zoom (nicht zur Desktop-Anwendung), navigieren Sie in den Einstellungen zu Persönliches > Einstellungen > In Besprechung (Basis) und suchen Sie nach der Bildschirmfreigabe. Markieren Sie die Option, die nur der Gastgeber freigeben kann.

Die oben beschriebenen Tipps und Tricks für Zoom können Sie übrigens in vielen anderen Lösungen analog anwenden. Wir haben Sie in diesem Buch deshalb nur einmal exemplarisch für Zoom beschrieben.

Für die Technik empfehlen wir Ihnen Folgendes:

- *Entscheiden Sie sich für einen Videokonferenz-Anbieter, der zu Ihren Bedürfnissen passt. Kriterien sind unter anderem die Stabilität, einfache Benutzeroberfläche und die Möglichkeit, Interaktionen einzubauen.*
- *Für ein scharfes Bild und guten Ton sollten Sie zusätzlich in die Tasche greifen. Kaufen Sie sich ein gutes Mikrofon und eine externe Webcam.*
- *Fortgeschrittene setzen zusätzliche Hardware und Software ein.*
- *Ein virtueller Hintergrund mit und ohne Greenscreen wirkt professioneller.*
- *Unabhängig davon, welchen Anbieter Sie wählen, stellen Sie sicher, dass die Einstellungen der Software korrekt vorgenommen wurden. Auf diese Weise können Sie verlässlich vermeiden, dass unerwünschte Gäste an Ihrem Online-Meeting teilnehmen.*

30 MINUTEN

3. Vorbereitung

Wenn Sie online präsentieren, fallen eine gute Struktur und ein guter Aufbau Ihrer Präsentation umso mehr ins Gewicht, denn Sie können den Lern- und Verständnisprozess sowie die Aufmerksamkeit der Teilnehmer während der Online-Präsentation schlechter beeinflussen als bei einer Live-Präsentation. Bereiten Sie sich also mit noch mehr Aufwand vor als auf eine Live-Präsentation vor Publikum. Denken Sie auch immer daran, dass das Einrichten der Technik zusätzliche Zeit braucht.

3.1 Vorbereitung ist die halbe Miete

Eine gute Vorbereitung

- umfasst technische und inhaltliche Probeläufe,
- stellt sicher, dass an allen Standorten, die am Online-Meeting vertreten sind, eine technisch versierte Person zur Verfügung steht. (Das ist besonders wichtig, wenn externe Gäste teilnehmen.)
- sieht genug Zeit für die technische Einrichtung (Einschalten, Einloggen usw.) an allen Standorten vor.

Einladung und Paketpost

Eine Präsentation beginnt bereits mit der Einladung. Wählen Sie eine einladende Betreffzeile, einen guten Einladungstext, ein gutes Bild oder schicken Sie die Einladung unter Umständen sogar ganz klassisch mit der Post. Sie können den Teilnehmern auch vorab etwas zuschicken (Idee von Ralf Schmitt), das mit der Veranstaltung zu tun hat. Sei es ein Pausensnack, eine Checkliste oder eine Postkarte mit Stimmungsbildern. Man zeigt so die Wertschätzung den Teilnehmern gegenüber.

Oft vergessen, aber in vielen Fällen genauso wichtig ist die mentale Vorbereitung. Planen Sie das Online-Meeting mit genügend Vorlauf, sodass Sie keine Nachtschicht einlegen müssen. Halten Sie vor Beginn einen Moment inne, damit Sie die innere Ruhe finden. Führen Sie sich nochmals vor Augen, was Ihr Ziel ist und wie das Online-Meeting erfolgreich abläuft.

Für ein Online-Meeting, das effektiv ist und Lust macht, braucht es eine gute Vorbereitung. Sie fängt bei der Einladung an und stellt sicher, dass genügend Zeit für die Vorbereitung zur Verfügung steht.

30

3.2 Technikverantwortlicher

Sorgen Sie dafür, dass jemand das Online-Meeting begleitet, der sich auf die Technik versteht und konzentriert. In wichtigen Kundenmeetings kann es sich lohnen, hierfür einen externen Dienstleister hinzuzuziehen. Der Technikverantwortliche überwacht das Log-in (gegebenenfalls auch den Warteraum, eine Funktion von Zoom), schaut, wer die Hand gehoben hat und welche Fragen und Antworten im Chat eingegangen sind. Bei Bedarf schaut er auch mal kurz etwas im Internet nach. Außerdem kann er sich um die Teilnehmer kümmern, die technische Probleme haben. Hilfreich ist es auch, wenn er einen zusätzlichen Kommunikationskanal bereithält, sodass er von den Teilnehmern, beispielsweise per WhatsApp, Threema, Signal oder Telegram, erreicht werden kann. Wenn Sie Moderator und Redner sind, empfehlen wir Ihnen, Ihr Mobiltelefon auf lautlos zu stellen, aber nicht abzuschalten! So bleiben Sie für die Teilnehmer erreichbar, falls etwas schiefgeht. Die Erfahrung hat gezeigt, dass Sie ab 20 Teilnehmern eine Person für den Support benötigen, denn oft tauchen auch organisatorische Fragen auf: „Wo kriege ich die Log-in-Daten her?" Oder: „Wie war noch mal das Passwort?" Oder: „Wann machen wir weiter?" Wenn Ihnen jemand die Beantwortung solcher Fragen abnimmt, können Sie sich voll auf Ihre Online-Sitzung und -Präsentation konzentrieren.

Jemanden zu haben, der sich um die Technik kümmert, ist Gold wert. So können Sie sich fast vollständig auf die Inhalte konzentrieren.

3.3 Sich einrichten

Audio und Video

Starten Sie Ihre Software bis zu 30 Minuten vor einem Meeting, um Ihre Ausrüstung zu überprüfen und zu testen. Dafür öffnen Sie die Einstellungen Ihres Programms. Wählen Sie den richtigen Ein- und Ausgang für Audio und Mikrofon. Testen Sie sie. Navigieren Sie dann zu den Video-Einstellungen und machen Sie dasselbe für Ihre Kamera.

Tipp: Es kann sein, dass Sie sowohl die Einstellungen des Betriebssystems (Windows oder Mac) als auch zusätzlich z. B. die Einstellungen von Skype prüfen und anpassen müssen.

Programmfenster schließen

Falls Sie vorhaben, Ihren Bildschirm zu teilen, kann es schnell vorkommen, dass die anderen Teilnehmer etwas sehen, das Sie lieber für sich behalten hätten. Wir empfehlen Ihnen deshalb, alle „privaten" oder sonstigen Programmfenster zu schließen, die die anderen nichts angehen.

Vor Beginn PC neu starten
Bevor Sie online gehen, starten Sie Ihren Computer einmal neu. Dann öffnen Sie nur die Programme, welche Sie für die Online-Sitzung brauchen. Löschen Sie alle unnötigen Dokumente und auch die „Historie" in Ihrem Webbrowser. Dann sind Sie auf der sicheren Seite. Dann passiert Ihnen Folgendes nicht, was einem Vertriebsmanager passiert sein soll: Er wollte vor versammeltem Publikum ein neues Onlinetool live im Webbrowser zeigen. Beim Starten des Programms erschienen in der Eingabezeile die zuletzt besuchten Webseiten – unter anderem erotische Angebote. Es war allen nicht nur peinlich, sondern die überwiegend männlichen Zuhörer haben erst einmal neugierig nachgeschaut, was es dort zu sehen gab.

Lärmquellen eliminieren

Besonders im Homeoffice lauern einige Lärmquellen. An erster Stelle kommen da die Mitbewohner. Informieren Sie sie, von wann bis wann Sie ein Online-Meeting haben. So können Ihre Mitbewohner auch verstehen, wenn Sie für eine Weile unabkömmlich sind. Oder etablieren Sie fixe Bürozeiten.

Stellen Sie darüber hinaus Ihre Lautsprecher oder auch Telefone auf stumm. Vergessen Sie nicht, die Stummschaltung später wieder aufzuheben. So haben Sie eine bessere Kontrolle über die Interaktionen mit den Teilnehmern und eventuell bei ihnen auftretender Unruhe.

Arbeitsplatz

Wer unbequem sitzt, kann auch nicht produktiv arbeiten. Wer also im Homeoffice arbeitet, könnte sich überlegen, einen hochwertigen Stuhl zu kaufen. Außerdem ist ein Schreibtisch ideal, der sich elektrisch hoch- und runterfahren lässt. So können Sie zwischen Stehen und Sitzen abwechseln.

Referentenansicht in PowerPoint

Wenn Sie eine (PowerPoint-)Präsentation anzeigen, wird sie Ihnen auf dem eigenen Bildschirm vermutlich im Vollbildmodus angezeigt. Dadurch aber können Sie die Notizen und die nachfolgenden Folien in der Referentenansicht von PowerPoint nicht sehen.

Das kann demjenigen egal sein, der weder die Notizen noch die nächsten Folien braucht, um zu wissen, was er sagen will. Wenn dem aber nicht so ist, empfiehlt es sich, die Einstellungen so zu wählen, dass Ihnen die Referentenansicht und den Teilnehmern nur die Folien angezeigt werden. Zur Zeit der Drucklegung war es in Zoom beispielsweise so, dass die Referentenansicht nur dann angezeigt wurde, wenn man erst den Bildschirm mit PowerPoint im Editiermodus geteilt hat und dann mit Alt-F5 (von Beginn an) oder Alt-Shift-F5 (von bestimmter Folie an) die Referentenansicht aufgerufen hat. (Das Häkchen in PowerPoint für die Referentenansicht muss bereits gesetzt sein.)

An dieser Stelle eignet sich ein zweites Gerät besonders gut. Mit dem zweiten Gerät und somit auch einem zweiten Log-in können Sie prüfen, wie die Präsentation bei Ihnen und bei den Zuschauern angezeigt wird.

Stellen Sie sicher, dass Audio und Video funktio-
nieren. Schließen Sie alle Windows-Fenster, die
für das Online-Meeting nicht gebraucht werden.
Eliminieren Sie alle Lärmquellen. Richten Sie Ih-
ren Arbeitsplatz so ein, dass es für Sie stimmt.

3.4 Wann Sie auf ein Online-Meeting verzichten sollten

Trotz der vielen Vorteile haben Online-Sitzungen und virtuelle Präsentationen auch ihre Grenzen. In bestimmten Situationen bringt das persönliche Treffen, der persönliche Auftritt viel mehr.

Verzichten Sie auf ein Online-Meeting, wenn ...

- Sie eine negative Botschaft vermitteln müssen, z. B. bei personellen oder höchst emotionalen Themen.
- Sie eine Beziehung oder Vertrauen aufbauen möchten. Um Vertrauen zu wecken, müssen Sie mehrere

Sinne Ihres Publikums ansprechen. Dies ist nur möglich bei einem persönlichen Treffen bzw. einer persönlichen Präsentation.

- Sie Veränderungsprozesse anstoßen möchten. Veränderungen setzen die Bereitschaft zum Mitmachen voraus. Dies erreichen Sie schlecht im virtuellen Raum.

Außerdem gibt es auch noch die gute herkömmliche Telefonkonferenz. Es lohnt sich immer, zu überlegen, welches der beste Weg ist, um seine Ziele zu erreichen. Es ist auch eine Überlegung wert, ob man vorab den Sitzungsteilnehmern die Unterlagen per E-Mail zuschickt. So kann man gegebenenfalls technische Probleme aus dem Weg räumen.

Für eine gute Vorbereitung empfehlen wir Ihnen Folgendes:

- *Machen Sie frühzeitig einen Technik-Check.*
- *Laden Sie die Teilnehmer so ein, dass diese Lust bekommen, an Ihrem Online-Meeting teilzunehmen.*
- *Bestimmen Sie einen Verantwortlichen, der sich um die Technik kümmert.*
- *Richten Sie am Tag des Meetings alles so ein, dass es funktioniert, inklusive Webcam und Mikrofon.*
- *Eliminieren Sie Lärmquellen.*

- *Bereiten Sie sich auch mental vor.*
- *Verzichten Sie auf ein Online-Meeting, wenn es bessere Kommunikationskanäle, wie z. B. das Telefon, gibt. Insbesondere wenn es um Veränderungen geht, sind persönliche Treffen in den allermeisten Fällen vorzuziehen.*

30 MINUTEN

4. Professionell präsentieren

Das oberste Ziel jedes Online-Meetings ist, dass die Teilnehmer nicht einschlafen. Das Online-Meeting und die Online-Präsentation müssen attraktiv sein. Sie sollten Informationen und ein gutes Gefühl vermitteln. Da fast ausschließlich nur zwei Sinne angeregt werden, ist das eine besondere Herausforderung. Was alles dazu beitragen kann, dass die Teilnehmer mit voller Aufmerksamkeit dabei sind, beschreiben wir im Folgenden. Auf alle Fälle sollten Sie auch in der virtuellen Welt ein Erlebnis oder eine Erfahrung für die Teilnehmer planen und keinen langweiligen Monolog oder Vortrag halten.

4.1 Das Bild

Webcam ist anders als Bühne

Vor der Webcam sollten Sie sich weniger stark bewegen als auf der Bühne resp. bei einer Live-Präsentation. Solange Sie sitzen, werden Sie sich vermutlich nicht groß bewegen: Die Arme bleiben auf dem Schreibtisch. Wenn Sie aber der Empfehlung folgen, zu stehen, müssen Sie sich bewusst sein, dass Sie nur einen beschränkten Bewegungsradius haben. Andernfalls laufen Sie aus dem Sichtfeld der Webcam und der Zuschauer. Fortgeschrittene Redner haben hierfür mehr als eine Kamera und/oder eine, die ihnen automatisch folgt. Manche haben sogar eine professionelle Kameracrew.

Ein weiterer Grund, sich nicht stark zu bewegen, haben wir bereits im Kapitel 2.4 „Hintergrund" auf Seite 27 erwähnt. Wenn Sie einen virtuellen Hintergrund aktiviert haben, dann verschwimmen nämlich bei schneller Bewegung Ihre Hände. Ist die Internetverbindung darüber hinaus noch schlecht, dann bewegen Sie sich für den Betrachter wie ein Roboter.

Apropos schlechte Internetverbindung: Wenn die Bandbreite nicht gut genug ist, kann es helfen, dass die Teilnehmer die Bildübertragung ausschalten. Auf diese Weise steht mehr Bandbreite für die Tonübertragung zur Verfügung. Allerdings hat das den gewichtigen Nachteil, dass sich die Teilnehmer unbeobachtet fühlen und vermutlich häufig etwas anderes machen, als dem

Redner zuzuhören. Unsere klare Empfehlung: Die Teilnehmer sollten sichtbar sein.

In die Kamera schauen

Schauen Sie in die Kamera, nicht auf das Bild/die Bilder Ihrer Teilnehmer. Es ist, wie wenn Sie im Fernsehen wären. Die Kamera ist Ihr Ansprechpartner. Zu Beginn ist es gewöhnungsbedürftig, nur mit der Kamera zu sprechen und keine Reaktion von den Teilnehmern mitzubekommen. Aber genauso machen es Tagesschausprecher und Fernsehmoderatoren.

Damit es besonders leichtfällt in die Kamera zu schauen, empfehlen wir, die Kamera auf ein kleines Stativ vor den Bildschirm zu stellen.

Auf diese Weise können Sie die Kamera auch gleich auf Augenhöhe bringen. So vermeiden Sie die „Nasenloch-Perspektive", was nichts anderes heißt, als dass Sie nicht von oben herab auf die Zuschauer blicken. Wenn Sie Ihren Laptop für das Online-Meeting benutzen, dann können ein paar Bücher, ein umgedrehter Bierkasten oder ein Topf dafür sorgen, dass die Kamera höher steht. Bei dunklen Displays mit eingebauter Webcam ist oft die Kameralinse schlecht zu erkennen. Hier hilft ein kleiner Smiley, den Sie neben die Linse kleben. Manche schneiden sogar ein Auge des Smileys aus und kleben ihn über die Linse. Damit schauen Sie Ihren Teilnehmern immer in die Augen, wenn Sie dem Smiley in die Augen schauen.

Ablesen verboten

Viele haben das Gefühl, beim Online-Präsentieren einen großen Vorteil zu haben: Man kann ablesen. Falsch! Probieren Sie es mal selbst aus. Lesen Sie Ihr Manuskript einfach ab: Ihr Publikum sieht es und schläft ein oder klickt weg. Es ist, wie wenn Sie in einer Live-Präsentation von den Folien ablesen. Sie müssen sich also genauso gut vorbereiten wie beim normalen Präsentieren – eher noch besser!

Notizen

Sie fragen vielleicht: „Wie kann ich in die Kamera schauen, wenn ich doch auf meine Notizen angewiesen bin?" Hierzu die folgenden Gedanken: Die Folien dienen den meisten Rednern und Sitzungsleitern bereits als Notizen. Falls Sie ausführlichere Notizen nutzen wollen, können Sie die Referentenansicht (von Power-Point) nutzen. Mit der Referentenansicht sehen die Teilnehmer ausschließlich die Folien (und Ihr Antlitz, falls der Nebeneinander-Modus aktiviert ist), Sie sehen zusätzlich Ihre Notizen, die Sie pro Folie geschrieben haben.

Wenn Sie eine externe Webcam oder Kamera nutzen, können Sie Ihre Webcam vor dem Bildschirm aufbauen, sodass Sie ähnlich wie bei einem Teleprompter sehen können, worüber Sie sprechen werden. In diesem Fall ist der Text (der Folie) allerdings hinter der Webcam/Kamera und deren Stativ. (Hierfür eignet sich ein besonders schlankes Stativ, z. B. das Nebula Capsule.)

Sie können sich auch von Hand Notizen schreiben. Diese sind besonders diskret, wenn sie in der Nähe der Webcam angeklebt oder hingelegt werden. Je näher die Notizen an der Kameralinse sind, desto eher hat der Zuschauer das Gefühl, Sie schauen ihn (trotzdem) an.

Lächeln

Sie dürfen auch mal lächeln. Wie weiter oben beschrieben, ist es zwar schwierig, in die Kamera zu lächeln, in vielen Fällen werden Sie aber besser ankommen. Außerdem wird Ihre Stimme positiver klingen! Mit einem Lächeln verändert sie sich und wirkt sympathischer. (Siehe „Ihre Stimme" auf Seite 58)

Einsatz von PowerPoint

Oft werden auch bei Online-Meetings PowerPoint-Folien eingesetzt. Noch mehr als beim Erstellen von Folien für Live-Präsentationen gelten im virtuellen Raum insbesondere die folgenden Empfehlungen:
Was in einer Live-Präsentation auf eine Folie passt, wird bei Online-Präsentationen auf mehrere Folien verteilt. Wenn Sie immer wieder eine neue Folie zeigen, halten Sie das Publikum in Atem. Außerdem verbessert eine grafische Darstellung das Verständnis.

Gestaltung der Folien

- Einfachheit: Die Folien sollten einfach verständlich sein und maximal eine Botschaft pro Seite enthalten.

- Einsatz von Bildern: Visualisieren Sie so viel wie möglich. Wählen Sie wenn möglich emotionale Bilder. Textwüsten sind nicht geeignet, Begeisterung beim Publikum auszulösen.
- Struktur: Zeigen Sie Prozesse in Schritten auf. Suchen Sie nach Beziehungen, die Sie darstellen können (z. B. von groß zu klein, sequenziell oder aufbauend).
- Kürzen: Fassen Sie sich kurz. Wie es so schön in der Werbung für ein Auto vor ein paar Jahren hieß: „Reduce to the max."
- Schnelligkeit: Verbleiben Sie nicht minutenlang auf derselben Folie, sondern klicken Sie rasch weiter.
- Interaktivität: Planen Sie interaktive Elemente ein. (Siehe Kapitel „Action" auf Seite 62)
- Direktheit: Bringen Sie Ihre Botschaften noch schneller auf den Punkt. Erzählen Sie ausschließlich kurze und gute Geschichten. Beschränken Sie sich auf eine knappe, aber originelle Einleitung.

Beim Erstellen von Folien machen oft auch eingefleischte Präsentatoren und gute Live-Redner den Fehler, ihre Folien einfach ohne Änderung auf das virtuelle Medium zu übertragen. Der wichtigste Unterschied ist hier aber die hohe Geschwindigkeit, mit der die Folien durchgeklickt werden sollten. So sorgen Sie nämlich dafür, dass die Teilnehmer aufmerksam bleiben. Professor Lawrence Lessig von der Stanford University hielt einmal eine bahnbrechende Online-Präsentation:

235 Folien in 30 Minuten. Wow, da waren die Studenten bei der Stange!

In vielen Fällen sollten Sie auf PowerPoint-Animationen verzichten: einerseits, weil oftmals technische Verzögerungen bei der Bildübertragung den Fluss stören können. Und andererseits, weil Sie den Zuschauern auf keinen Fall eine Folie über mehrere Minuten zeigen sollten. Sie haben sie nämlich innerhalb von Sekunden bereits gelesen und als Nächstes – schlafen sie garantiert ein oder machen etwas anderes. Stattdessen sollten Sie für jede Aussage eine eigene Folie anlegen.

Benutzen Sie wie bei einer Live-Präsentation große Bilder. Lars Sudmann empfiehlt in einem Artikel auf LinkedIn sogar, die Hintergrundfarbe der Folien zu wechseln und den Text nicht immer an die gleiche Stelle zu schreiben.

Kleidung

Zwar können Sie bei einem Austausch *ohne* Videoeinsatz auf den teuren Nadelstreifenanzug verzichten, denn man nimmt in diesem Fall Ihre Professionalität nur über Ihre gute Vorbereitung und Ihre Stimme wahr. Wenn Sie sich aber in eleganten Kleidern besser fühlen, dann ziehen Sie sie an.

Aussehen

Wie es so treffend heißt: „Kleider machen Leute." Diese Volksweisheit stimmt auch online. Darüber hinaus kann man mit Gesichtsfiltern dafür sorgen, dass man besser aussieht. Gesichtsfilter sind nicht nur für Instagram und TikTok geeignet. Insbesondere Zoom verfügt über ein Werkzeug namens „Mein Erscheinungsbild retuschieren", das Ihrem Video einen Weichzeichner hinzufügt, der Ihre Haut glättet. Jeder sieht dadurch um Jahre jünger und frischer aus.

Wenn Sie diese Einstellung aktiviert haben, merkt sich Zoom diese Einstellung auch für die Zukunft.

Damit Sie an einem Online-Meeting gut aussehen, achten Sie darauf, dass Sie in die Kamera schauen, wenig ablesen und dem Publikum ab und zu ein Lächeln schenken. Achten Sie auch auf ein positives visuelles Erlebnis für den Zuschauer, indem Sie eine für Online-Meetings geeignete Foliengestaltung einhalten und sich den Umständen entsprechend kleiden.

4.2 Der Ton

Ihre Stimme

Auch beim virtuellen Präsentieren ist Ihre Stimme ein sehr wichtiges Instrument. Wenn Ihre Stimme von Natur aus angenehm klingt, dann haben Sie schon einen Vorteil. Dennoch gibt es einiges zu beachten:

- Spielen Sie mit Ihrer Stimme.
- Variieren Sie die Geschwindigkeit Ihrer Sätze.
- Variieren Sie die Tonlage der Stimme.

- Variieren Sie mit Emotionen. Fühlen Sie, was Sie sagen.
- Variieren Sie die Lautstärke.
- Bauen Sie durch den Einsatz von Sprechpausen Spannung auf.
- Setzen Sie Gestik und Mimik ein – unabhängig davon, ob Sie gesehen werden oder nicht. Gestik und Mimik haben einen Einfluss auf Ihre Stimme.
- Artikulieren Sie klar.
- Benutzen Sie einfache Worte.
- Versprühen Sie eine positive Stimmung (u. a. mit positiven Worten, mit Lob und eigener Freude an der Sache).

Wenn Sie zu schnell sprechen, könnte man denken, Sie seien nervös; wenn Sie sprachlich zu langsam unterwegs sind, schläft Ihr Publikum ein oder macht nebenbei etwas anderes. Seien Sie sich also über das Tempo und die Modulation Ihrer Stimme stets bewusst. Nehmen Sie sich probeweise mit einem Mikrofon auf und hören Sie sich die Aufnahme selbst an. So werden Sie auf Möglichkeiten zur Verbesserung aufmerksam! (Wer es wirklich ernst meint, bucht einen Stimm-Coach, z. B. Arno Fischbacher.)

Tipp: Halten Sie ein Glas Wasser bereit! Damit schaffen Sie Abhilfe, falls Ihr Mund trocken wird oder Sie einen Hustenreiz verspüren. Vermeiden Sie Milchprodukte, Nüsse und zu viel Kaffee am Tag der Präsentation. Sie verschleimen den Rachen und schaden der Stimme.
Damit Ihre Stimme die volle Wirkung erzielen kann, sollten Sie relativ nahe ans Mikrofon gehen. Das geht

aber nur mit einem externen Mikrofon an einem Stativ oder einem, das Sie sich an Ihr Hemd klemmen können.

Sitzen oder Stehen

Wenn es möglich ist, sollten Sie zum Präsentieren aufstehen. So haben Sie mehr Energie und Ihre Stimme klingt besser. (Außerdem hilft es Ihnen, wach zu bleiben.) Da Sie stehen, können Sie natürlicher gestikulieren, sich mehr bewegen – wobei der Hintergrund zu berücksichtigen ist. Mit einem virtuellen Hintergrund kann es sein, dass der Zuschauer Fischhäute zwischen Ihren Fingern sieht. In diesem Fall sollten Sie mit Gestiken sparsam umgehen.

Am besten, Sie lassen über sich etwa eine Handbreit frei bis zum oberen Bildrand. Am unteren Bildrand sollte ungefähr Ihr Bauchnabel zu sehen sein.

Selbstverständlich gibt es diejenigen, die sich im Sitzen wohler als im Stehen fühlen, etwa weil sie es aus Sitzungen gewohnt sind. Testen Sie es aus. Achten Sie auch bei anderen darauf, was Ihnen besser gefällt und was besser ankommt. Wenn Sie sitzen, sollten Sie eine aufrechte Haltung einnehmen und sich nicht in den Stuhl fläzen.

> **Tipp:** Benutzen Sie wenn möglich einen Greenscreen, damit die Gestiken nicht verschwimmen und die Finger keine Schwimmhäute erhalten. (Siehe Kapitel 2.4 „Hintergrund" auf Seite 27 und den Abschnitt „Webcam ist anders als Bühne" auf Seite 52)

Sobald die Präsentation vorbei ist und Sie wieder ins normale Gespräch übergehen, können Sie sich wieder hinsetzen. So wie bei einem Live-Meeting.

Musik und Audio

Musik beeinflusst die Stimmung enorm. Während der Wartezeit zu Beginn, während der Pause oder zum Abschluss des Meetings kann man Musik einspielen. Musik beeinflusst die Stimmung üblicherweise positiv.

Auch während einer Präsentation kann Musik im Hintergrund laufen. Allerdings muss sie so gewählt sein, dass sie die Aussage der Botschaft und/oder Folien unterstützt.

Man kann auch einen Originalton einspielen. Oder Applaus. Der Kreativität sind hier nur wenige Grenzen gesetzt.

Sie müssen allerdings darauf achten, dass Sie die Rechte erworben haben oder Musik nutzen, die gratis ist.

Wiederholungen

Wiederholen Sie wichtige Gedanken! Treffen Sie die zu wiederholenden Aussagen mit einer leicht anderen Betonung ein zweites Mal und fahren Sie erst dann fort. Erinnern Sie die Zuschauer am Schluss daran, was Sie ihnen erzählt haben. Darüber hinaus: Ein Satz, der die Aufmerksamkeit der Teilnehmer in die Höhe schießen lässt, ist: „Wenn du nur eines von dieser Präsentation mitnimmst, dann ist es dies: …" Profis lassen die Zuschauer wiederholen. Und schon haben Sie wieder eine Interaktion mit dem Publikum.

30 *Auch und besonders bei Online-Meetings gilt: „Der Ton macht die Musik." Vermeiden Sie eine monotone Stimme, nutzen Sie Musik, um zusätzlich eine positive Stimmung zu erzeugen, und wiederholen Sie wichtige Aussagen.*

4.3 Action

Warm-up

Wie bei einer richtigen Sitzung werden nicht alle Teilnehmer zur gleichen Zeit eintreffen. Es lohnt sich, 15 – 20 Minuten vor Beginn der Videokonferenz bereits im Raum zu sein, um die Teilnehmer zu empfangen. Als Host (Gastgeber) lohnt es sich sogar, bis zu 40 Minuten vorher dort zu sein, um die Technik zu prüfen und sich gegebenenfalls mit einem oder mehreren Co-Hosts abzusprechen. Auch hier gilt das Motto: „Vorbereitung ist die halbe Miete!"

Das Warm-up kann auch dazu beitragen, dass sich die Teilnehmer wohler fühlen. Genauso wie im richtigen Leben kann es sich lohnen, erst mal ein paar Minuten damit zu verbringen, sich gegenseitig kennenzulernen. Gerne dürfen Sie die Teilnehmer mit ihren Namen begrüßen. (Auch während des Online-Meetings wirkt es aktivierend, wenn Sie die Teilnehmer immer mal wieder mit dem Namen ansprechen.)

Falls Sie planen, das Online-Meeting aufzuzeichnen, ist jetzt der Zeitpunkt, die Teilnehmer darüber zu informieren und deren Einwilligung einzuholen.

Interaktive Elemente

Bei virtuellen Präsentationen kämpfen Sie gegen die (angebliche) Multitasking-Fähigkeit der Teilnehmer und deren kurze Aufmerksamkeitsspanne. Mit einem einzigen Klick oder einer Handbewegung sind Ihre Zuhörer beim Online-Chat (z. B. über WhatsApp), oder sie schreiben gar E-Mails an nicht beteiligte Personen. Neben der weiter oben beschriebenen Schnelligkeit bei der Präsentation trägt die echte Dialogfähigkeit moderner Kommunikations-Software dazu bei, dass die Teilnehmer bei der Sache bleiben.

Die gängigsten interaktiven Elemente führen wir im Folgenden auf:

Umfragen

Fügen Sie Ihrer Online-Sitzung eine Umfrage hinzu, um schnell Antworten von Personen zu einem Thema zu sammeln. So können Sie eine Sitzung auch unterhaltsamer gestalten oder einen schnellen Eisbrecher servieren. „Welche Mahlzeit des Tages ist Ihre Lieblingsmahlzeit?" „Sind Sie ein Hunde- oder Katzenfreund oder keines von beiden?" Sie können auch Umfragen für sachdienlichere Informationen verwenden. „Ja oder nein: Haben Sie die Pflichtlektüre schon gelesen?"

Bevor Sie eine Umfrage durchführen können, braucht es Vorbereitung. In Zoom beispielsweise müssen Sie die Funktion von Ihrem Web-Konto aus (nicht vom Desktop aus) aktivieren. Die Anweisungen zum Aktivieren von Umfragen unterscheiden sich geringfügig, je nachdem, ob Sie ein persönliches Konto haben oder Administrator eines Gruppenkontos sind, aber in beiden Fällen beginnen Sie unter Kontoverwaltung > Kontoeinstellungen.

Alternative Umfrage-Tools sind Mentimeter, slido und Kahoot.

Whiteboard

Um einen Sachverhalt verständlich zu machen, kann es immens hilfreich sein, wenn man selbst oder gemeinsam mit den Teilnehmern auf derselben Seite etwas zeichnen und/oder schreiben kann. Dies ist praktisch bei allen Software-Anbietern möglich. Auf einem sogenannten Whiteboard lassen sich dann Ideen notieren, Bildmaterial mit Anmerkungen versehen und Skizzen anlegen.

Mit einem Smartpad und einem Stift geht das natürlich einfacher als am Desktop.

In Zoom lässt sich folgendermaßen mit dem Whiteboard arbeiten:

Wenn Sie der Gastgeber des Meetings sind, können Sie Anmerkungen für alle Teilnehmer aktivieren oder deaktivieren. In jedem Fall müssen Sie das Webportal Zoom und nicht die Desktop-Anwendung verwenden und diese für sich selbst aktivieren. Es befindet sich unter Kontoverwaltung > Kontoeinstellungen > Meeting (Register) > Meeting (Basis).

Wenn Sie Teilnehmer sind und mitmachen möchten, indem Sie ein Bild markieren, das der Gastgeber zur

Verfügung stellt, müssen Sie Ihre Symbolleiste anzeigen. Gehen Sie zu Ansichtsoption > Kommentieren.

Andere Anwendungen

Sie können auch gerne Kanban-Boards einsetzen, um den Arbeitsfortschritt in Ihrem Team aufzuzeigen. Oder arbeiten Sie mit Ihrem Team gemeinsam an Dokumenten. (Siehe auch Whiteboard.) Hierfür empfehlen wir Padlet, Trello oder MeisterTask.

Flip-Chart und Pinnwand

Sie können durchaus ein physisches Flip-Chart oder eine Pinnwand einsetzen. Dies setzt voraus, dass Sie das eine oder andere zur Verfügung haben. Dies ist wohl eher im Büro der Fall als im Homeoffice. Außerdem müssen Sie sich überlegen, wie Sie jeweils die richtige Kameraeinstellung beibehalten. Wenn Sie zwei Kameras haben, lässt sich das einfach umsetzen: Eine Kamera ist auf die Nähe fokussiert – wenn Sie beispielsweise sitzen – und eine auf die Distanz, um Sie mitsamt des Flip-Charts zu erfassen. Kurzer Kamerawechsel, und schon sind Sie mit oder ohne Flip-Chart resp. Pinnwand zu sehen.

Chat

Im Chat können Sie wunderbar Antworten von Teilnehmern abholen. Stellen Sie ihnen eine Frage und fordern Sie sie auf, die Antwort in den Chat zu schreiben. Bei einer großen Teilnehmerzahl kann es manchmal angezeigt sein, den Chat nur für diese Fragen und Antworten zu öffnen. So oder so hilft es, einen Co-Host zu haben, der sich um den Chat, die Technik und die Umfragen kümmert.

Feedback abholen

Die Antworten sollen die Teilnehmer (a) in den Chat schreiben, (b) per Audio einsprechen, (c) per Video zeigen (z. B. mit einem Winken oder einem Daumen nach oben) oder (d) in ein Formular eingeben (z. B. mit SurveyMonkey oder Google Forms; den Link teilen Sie im Chat). Die Voraussetzung für Letzteres ist, dass Sie das Formular vor dem Online-Meeting erstellt haben.

Fragen stellen und beantworten

Beantworten Sie eine (über Chat oder E-Mail zugestellte) Teilnehmerfrage bereits zu einem frühen Zeitpunkt in der Präsentation. Das sorgt für Interaktion und Interesse. Für den Fall, dass Sie keine Fragen bekommen, bereiten Sie welche vor, die Sie sich selbst stellen und selbst beantworten. Bei der Gelegenheit können Sie gerne zwischendurch ein echt gemeintes Lob von sich geben – sei es für die Frage oder eine Bemerkung eines Teilnehmers.

Quiz

Machen Sie ein kleines Online-Quiz. Selbst diejenigen, die per Handy zugeschaltet sind, können daran teilnehmen. Als reines Quiz-Tool nutzen wir gern Kahoot. Mittlerweile hat aber auch Mentimeter eine sehr gute Quizfunktion.

Präsentieren im Team

Lassen Sie abwechselnd mehrere Redner zu Wort kommen. Sie werden sehen, wie gut es tut, dass sich dadurch viel ändert: die Stimme, die Geschwindigkeit, das Bild ... Sie können beispielsweise eine Person bestimmen, die den Teil mit den Fragen und Antworten leitet, die Sitzung moderiert, und jemanden, der protokolliert und immer wieder eine kurze Zusammenfassung der wichtigsten Punkte vornimmt.

Wenn nur eine Person als Moderator zur Verfügung steht, kann sie beispielsweise eröffnen, vorstellen, zusammenfassen, online über den Chat Fragen beantworten, diese auch im Plenum stellen und Sie bei der Präsentation unterstützen.

Auch wenn es widersprüchlich klingt: Planen Sie Spontaneität gezielt ein. So kann z. B. der Moderator dem Teamkollegen einige vorher mit Ihnen besprochene Fragen stellen und auf diese Weise zur Interaktion und damit zur Spontaneität beitragen. Ganz abgesehen davon, dass Ihre Antwort unglaublich gut sein wird (weil Sie die Frage schon vorher kannten).

Rededauer

Präsentieren und reden Sie nie länger als maximal 10 Minuten am Stück, besser nur 5. Bringen Sie Abwechslung in das Online-Meeting mithilfe von Fragen, Umfragen oder Einschüben. Aber aufgepasst: Planen Sie keine Beschäftigungsprogramme durch falsche, nicht zielführende Interaktionen ein. Allgemein gilt: Maximal kann ein guter Vortrag am Bildschirm die Zuschauer 30 Minuten lang bei der Stange halten. Spätestens dann sollte eine Abwechslung kommen. Es gilt aber auch: Je besser der Redner, desto länger kann ich ihm folgen. Sie entscheiden selbst, wie gut Sie sich und Ihre Redner an Ihrem Online-Meeting einschätzen. Davon abhängig sollten Sie den Ablauf des Meetings planen.

> **Tipp:** Schauen Sie sich eine Präsentation auf YouTube von Daniele Ganser an. Er schafft es über mehr als eine Stunde nur mit Worten und wenigen Folien das YouTube- resp. Online-Publikum bei der Stange zu halten.

Zeitnehmer

Es hat sich bewährt, einen Zeitnehmer einzusetzen. Dieser kann Sie stets auf dem Laufenden halten, wie es um die verbleibende Zeit steht.

Bei Online-Meetings von Toastmasters Clubs werden die Zeitinformationen oft so angezeigt, dass der Zeitnehmer seinen Hintergrund (von Zoom) austauscht: grüner Hintergrund, wenn die minimale Zeit erreicht, gelber Hintergrund, wenn die mittlere Zeit erreicht und roter Hintergrund, wenn die Zeit fast abgelaufen ist.

Requisiten

Gerne können Sie auch am Computer Requisiten einsetzen. Zeigen Sie sie einfach am Bildschirm. Wie wäre es beispielsweise damit, ein Schweizer Taschenmesser zu zeigen, um darauf hinzuweisen, wie flexibel und vielfältig Ihre Dienstleistungen sind?

Nebeneinander-Modus
Wenn Sie Ihren Bildschirm teilen, um beispielsweise eine PowerPoint-Präsentation zu zeigen, ist es attraktiver, wenn man Ihr Konterfei nach wie vor sieht. Das geht mit allen Anbietern. In Zoom beispielsweise nennt sich das Nebeneinander-Modus (Side-by-side).

Agenda
Teilen Sie die Agenda mit den Teilnehmern des Treffens, der Besprechung oder der Schulung. So wissen die Teilnehmer, was sie erwartet.

Breakout-Room
Für Gruppenarbeiten eignen sich Gruppenräume (Breakout Rooms). Am besten Sie legen die Gruppen noch vor Start der Videokonferenz oder Präsentation an. So sind die Gruppen bereits festgelegt und Sie können sie als Host schnell zuteilen. Wenn die Zeit für die Gruppenarbeit abgelaufen ist, können Sie die Teilnehmer wieder zurückrufen.

Die Teilnehmer können mit dem Link unten rechts am Fenster jederzeit den Breakout Room verlassen und zum Plenum zurückkehren.

Vorsicht: Wenn ein Teilnehmer einmal zu oft unten rechts klickt, ist er aus der Videokonferenz ganz raus und muss sich erst wieder anmelden. Das kann dauern, wenn ein Warteraum eingerichtet ist und der Host nicht merkt, dass der Teilnehmer gerne wieder rein möchte. (Besonders dann, wenn Sie Teilnehmer mit wenig Erfahrung dabeihaben, sollten Sie einen Co-Host instruieren, immer mal wieder in den Warteraum zu schauen, ob noch jemand wieder ins Plenum gelassen werden möchte. Siehe auch Abschnitt „Warteraum" auf Seite 37.

Folienstil nach Lawrence Lessig

Wenn nichts am Bildschirm passiert, dann hat der Zuschauer die Tendenz, abzuschweifen und was anderes zu machen. Präsentieren Sie deshalb auch mal im Lessig-Stil. Für fast jedes Wort gibt es eine Folie. Beobachten Sie sich selbst als Teilnehmer an der nächsten Videokonferenz. Sind Sie konstant aufmerksam, oder fällt es Ihnen schwer, Ihre Konzentration auf den Referenten oder Moderator zu lenken?

Klatschen

In Online-Meetings herrscht nach einer Präsentation oft noch größere Grabesstille als auf dem Friedhof. Deshalb können Sie prüfen, ob Sie nicht virtuell klatschen wollen. Statt bei allen Teilnehmern die Stummschaltung aufzuheben und sie normal klatschen zu lassen, können Sie in der Anmoderation des Online-Meetings die Teilnehmer auf folgendes Vorgehen einstimmen: Wenn jemand seine Präsentation abgeschlossen hat, sollen die Teilnehmer beide Hände heben und in der Luft schütteln. In der Galerieansicht kann der Redner so seinen Applaus sehen. Das tut dem Redner in der Seele gut und die Teilnehmer sind (wieder) aktiviert.

Es gibt auch einen externen Tastenblock für PCs und Macs, das sogenannte Streamdeck von Elgato. Hier können Sie sich Musikclips wie Applaus auf Tasten legen und diese bei Bedarf abrufen.

Nutzen Sie die vielfältigen Möglichkeiten der Interaktion, um die Teilnehmer bei der Stange zu halten. Das fängt beim Chat an und hört beim Quiz nicht auf.

4.4 Der Inhalt

Es ist wichtig, dass eine Präsentation einen guten Inhalt hat und gut strukturiert ist. Darauf einzugehen würde den Umfang dieses Buches aber leider sprengen. Wir verweisen Sie deshalb auf die vielfältige Literatur, die zu diesem Thema erschienen ist. (Beispielsweise: Der Wurm muss dem Fisch schmecken. Mit Power präsentieren und rhetorisch punkten. Von Thomas Skipwith und Reto B. Rüegger.) Genauso ist es, wenn es um die Sitzungsleitung geht.

Wenn Sie um ein Vielfaches beim Präsentieren besser werden wollen, können Sie eine Liste der häufigsten Fehler bei Präsentationen gratis abonnieren: www.thomas-skipwith.com/haeufigste-fehler/

Flipped Classroom

Eines lässt sich aber zum Inhalt trotzdem sagen: Für Online-Meetings eignet sich das Konzept „Flipped Classroom" aus der Schulpraxis oft sehr gut. Dieses Konzept sieht vor, dass die Teilnehmer die Inhalte vorher lesen, üben und/oder anschauen. Insbesondere Inhalte, die sich regelmäßig wiederholen, z. B. die Sicherheitsmaßnahmen im Betrieb oder die Einführung der neuen Mitarbeiter, können auf professionelle Weise auf Video festgehalten und so den Teilnehmern im Vorhinein zur Lektüre resp. zum Anschauen ans Herz gelegt werden. Während des Online-Meetings werden dann fast ausschließlich Fragen zu den Inhalten beantwortet. Voraussetzung für den Erfolg dieser Methode ist allerdings, dass die Teilnehmer die Inhalte auch gelesen und/oder angeschaut haben.

30

Professionelles Präsentieren umfasst vier zentrale Aspekte: das Bild, den Ton, die Action und den Inhalt.

- *Damit Sie ein gutes Bild abgeben, sollten Sie Ihren Blick auf die Webcam richten. So fühlt sich der Zuschauer richtig angesprochen. Lesen Sie so wenig wie möglich von den Notizen ab und gestalten Sie, falls vorhanden, Ihre Folien kurz, knapp und attraktiv. Sie dürfen auch gerne auf Ihr Aussehen und Ihre Kleidung achten.*
- *Bringen Sie durch Ihre Stimme Abwechslung ins Online-Meeting. Stehen Sie. Spielen Sie*

Musik ein, um die Stimmung positiv zu beein-flussen. Wiederholen Sie die wichtigen Aussagen.

- *Ein Online-Meeting soll keine langweilige Veranstaltung sein. Planen Sie deshalb bewusst sinnvolle Interaktionen ein. Diese reichen von Fragen und Antworten im Chat über Studiogäste bis hin zum Quiz.*
- *Achten Sie auf eine klare, inhaltliche Struktur mit Anfang, Mittelteil und Schluss.*

30 MINUTEN

5. Nachbearbeitung

Online-Meetings kann man einfach aufnehmen und später wieder zur Verfügung stellen. Schreiben Sie Ihr Publikum nach der Präsentation per E-Mail an: Fassen Sie in kurzen Sätzen nochmals die wichtigsten Inhalte zusammen und wiederholen Sie den Aufruf zu weiteren Schritten. Fügen Sie eventuell ein Protokoll bei, ein „Dankeschön", eine Kopie der Folien (inklusive Handouts, falls Sie den gesprochenen Text nicht aufgenommen haben) oder einen Link zur aufgenommenen Sitzung/Präsentation.

Vergessen Sie bei dieser Aktion die Personen nicht, die zwar teilnehmen wollten, aber nicht teilgenommen haben. So erreichen Sie auch diese mit einer gekonnten Nachfassaktion.

5.1 Online-Meeting aufzeichnen

Angenommen, Sie halten eine Online-Besprechung ab, um wichtige Informationen mit all Ihren Kollegen, Mitarbeitern oder Kunden zu teilen. Es ist möglich, dass nicht alle teilnehmen können. Dafür gibt es die Möglichkeit, die Besprechung aufzuzeichnen, so haben Sie ein Video, das Sie freigeben können, sodass die Teilnehmer es ansehen können, wann immer sie wollen. Das Aufzeichnen einer Besprechung ist auch hilfreich, wenn Sie später Notizen von der Besprechung abschreiben oder daraus lernen wollen oder müssen.

Bevor Sie eine Besprechung aufzeichnen, sollten Sie den Teilnehmern aus Gründen der Etikette (und in einigen Fällen aufgrund gesetzlicher Vorschriften) mitteilen, dass sie in Bild und Ton aufgezeichnet werden können, je nachdem, ob und wie sie teilnehmen. Sie können Ihr aufgezeichnetes Video lokal oder auf einem Cloud-Speicherservice wie Dropbox speichern.

5.2 Selbstreflexion

Überlegen Sie, was gut gelaufen ist, und wiederholen Sie es in Zukunft. Überlegen Sie aber auch, was noch Verbesserungspotenzial hat, und machen Sie es beim nächsten Mal besser. Auf diese Weise werden Sie schon bald ein gefragter Teilnehmer, Redner und/oder Moderator von Online-Meetings sein. Wir wünschen es Ihnen.

Achten Sie auch bei Online-Meetings auf eine professionelle Nachbearbeitung.

- *Ein großer Vorteil eines Online-Meetings ist es ja gerade, dass es unproblematisch ist, das Meeting aufzuzeichnen. So können Sie das Meeting auch mit Leuten teilen, die nicht dabei sein konnten.*
- *Darüber hinaus ist es wie bei jedem guten Meeting sinnvoll, den Teilnehmern und Abwesenden ein Protokoll zu schicken.*
- *Überlegen Sie, was gut gelaufen ist und was nicht. So können Sie sich von Mal zu Mal verbessern.*

Textvorlagen

Es ist sehr sinnvoll, ein auf Ihre Inhalte zugeschnittenes Repertoire an Textvorlagen und Checklisten zur Verfügung zu haben, die Sie bei Bedarf einfach abrufen können.

Auf den folgenden Seiten haben wir nützliche Dokumente aufgeführt, die wir auf der Basis unserer Erfahrungen erstellt haben.

Wenn Sie mehr Sicherheit erlangt haben, bietet es sich an, dass Sie Ihre eigenen, personalisierten Textvorlagen und Checklisten anlegen.

Einladung der Teilnehmer

Sehr geehrter Herr … / Sehr geehrte Frau …

Schon bald werden Sie am … vom … teilnehmen.
[Nutzen für den Teilnehmer]

Ich habe Ihnen bereits eine Kalendereinladung (.ics) mit dem Link fürs Log-in geschickt. Dennoch zur Erinnerung hier nochmals der Link für das Online-Meeting vom …:

Meeting-URL:	https://...
Meeting-ID:	123 456 7890
Kennwort:	998877

Technische Checks: ... Uhr
Small Talk: ... Uhr
Beginn: ... Uhr

Pausen: ... Uhr (und ... Uhr)
Ende: ... Uhr

1. Bitte installieren Sie den Software-Client lokal auf Ihrem Rechner. [Link zum Download https://...]
2. Registrieren Sie sich.
3. Bereiten Sie Folgendes vor: ...

[Damit nur geladene Gäste am Treffen teilnehmen, habe ich einen Warteraum eingerichtet. Von dort wird Sie der Moderator zur Online-Sitzung zulassen. Wer zu spät kommt, muss unter Umständen lange warten.]

Beste Grüße

...

Für die Netiquette
Vorab schicke ich Ihnen ein paar beachtenswerte
Details zur Etikette bei Online-Meetings:

Prüfen der Technik
Prüfen Sie Ihre Technik. Gelangen Sie in den Online-
Meetingraum? Ist die Internetanbindung stark genug?
Funktionieren Software, Webcam/Videokamera und
Mikrofon problemlos?

Vorbereitung
So wie bei einem klassischen Meeting im Vorfeld die
Unterlagen zusammengestellt werden, sollten auch
die Teilnehmer eines Online-Meetings vorher
Materialien wie Bilder, Grafiken, Videos oder Texte
leicht abrufbar abspeichern.

Störfaktoren eliminieren
Dies ist genauso wichtig wie bei persönlichen Treffen.
Vermeiden Sie Unterbrechungen oder andere
Störfaktoren. Informieren Sie Dritte, dass Sie an ei-
nem Online-Meeting/einer Telefonkonferenz teilneh-
men, um nicht gestört zu werden.
Schalten Sie Ihr Smartphone vor der Besprechung auf
stumm. Das klingelnde Mobiltelefon ist während einer
Videokonferenz ein echter „Meeting Killer" und stört
dort genauso wie in „Offline"-Meetings.

Pünktlichkeit
Eigentlich selbstverständlich: Wichtigstes Gebot ist
wie überall im Businessalltag die Pünktlichkeit. Wenn
sich die Verspätung nicht vermeiden lässt, sollte der
Moderator rechtzeitig benachrichtigt werden. So können die Betroffenen die Wartezeit wenigstens noch
effektiv nutzen.

Kein Multitasking

Vermeiden Sie es, während eines Videomeetings andere Dinge nebenher zu erledigen, auch wenn Sie sich gerade nicht aktiv beteiligen. Ihre Kollegen bemerken es, wenn Sie nur kurz Facebook checken, schnell noch die eine E-Mail schreiben oder einfach nur gelangweilt wirken – und das stört erheblich. Übrigens: Auch wenn Teilnehmer während einer Videokonferenz essen, lenkt das die anderen ab und senkt die Meeting-Qualität. Lassen Sie also die Brotzeitsemmel lieber bis nach dem Online-Meeting in der Tasche.

Aufräumen vor dem Desktop-Sharing

Wer in einem Online-Meeting seinen Desktop mit den anderen Teilnehmern teilt, sollte sicherstellen, dass auch der virtuelle Schreibtisch sauber und aufgeräumt ist. Unordentliche, unübersichtliche Desktops gehören nicht in ein professionelles Meeting.

Checkliste: Technik

Erstellen Sie sich eine Checkliste für Ihre Online-Meetings und Präsentationen. Hier einige Vorschläge:

❑ Die Teilnehmer sind eingeladen und haben den Link zur Veranstaltung erhalten.
❑ Passwörter sind vorhanden.
❑ Internetverbindung läuft.
❑ PowerPoint-Präsentation ist vorhanden.
❑ Alle Teilnehmer sind auf stumm geschaltet.
❑ Virtueller Hintergrund ist bereit.
❑ Greenscreen steht bereit / ist aufgebaut.
❑ Smartphone ist auf stumm geschaltet.
❑ Kopfhörer, Mikrofon und Webcam sind getestet.
❑ Sie haben einen zusätzlichen Technik-Check ein paar Tage vorher anberaumt.
❑ Berechtigungen für Co-Hosts sind vergeben.
❑ Wasser steht bereit.
❑ Zweiter Bildschirm ist angeschlossen.
❑ Zweites Gerät und zweiter Log-in stehen bereit.
❑ Stativ ist vorhanden.
❑ Stromkabel für Laptop, iPad liegen bereit oder sind eingesteckt.

Checkliste: Präsentieren

- ❏ Die Kamera ist auf Augenhöhe.
- ❏ Sie schauen in die Kamera.
- ❏ Sie interagieren (wie geplant) mit den Teilnehmern.
- ❏ Die Folien sind knapp und knackig.
- ❏ Die Notizen sind bereit.
- ❏ Sie sind mental gut drauf.
- ❏ Sie lächeln.
- ❏ Sie sind passend angezogen.
- ❏ Der Ton stimmt.
- ❏ Sie entscheiden sich bewusst fürs Stehen oder Sitzen oder für einen Wechsel zwischen Stehen und Sitzen.
- ❏ Sie wiederholen die wichtigen Aussagen.
- ❏ Sie haben Spaß.

Fast Reader

1. Herausforderung

Die Zahl der Online-Meetings nimmt konstant zu. Zum einen liegt das daran, dass die meisten Mitarbeiter und Führungskräfte entweder ganz oder zumindest teilweise im Homeoffice arbeiten müssen und die physische Anwesenheit aller Beteiligten vermieden wird.

Inzwischen haben zudem viele Mitarbeiter und Führungskräfte feststellen können, dass mit den durch multimediale Elemente erweiterten Möglichkeiten der Arbeitsprozess durchaus attraktiv gestaltet werden kann.

Wer an Online-Meetings teilnimmt, sieht sich allerdings auch mit einer Reihe von Herausforderungen konfrontiert.

Menschen lernen mit allen Sinnen. Bei Online-Meetings werden jedoch lediglich zwei Sinne bedient: der akustische und der visuelle. Die tech-

nischen Gegebenheiten auf der Seite des Emp-
fängers limitieren sowohl das optische als auch
das akustische Erlebnis.

Umso wichtiger ist es, dass die Technik funktioniert und gut vorbereitet ist. Zu bedenken ist
auch, dass bei einer Onlineveranstaltung die Aufmerksamkeitsspanne der Zuschauer in aller Regel
geringer ist als bei einer Liveveranstaltung.

Zudem ist der technische Aufwand für Online-
Meetings oft größer, als wenn man sich real trifft.
Dieser Umstand wird oft unterschätzt.

2. Technik

Online-Meetings werden dann zu einem Erfolg,
wenn man sich für die richtige Hardware und
Software entscheidet. Dabei lohnt es sich, zu
überlegen, welche Bedürfnisse man hat.

Von der Hardwareseite ist es sinnvoll, ein externes Mikrofon und eine externe Webcam zu kaufen. Auch ein Stativ kann einiges dazu beitragen,
dass die eigenen Beiträge besser beim Publikum
ankommen. Fortgeschrittene werden darüber hinaus zusätzliche Hardware und Software einsetzen wollen.

Damit das Bild stimmt, empfehlen wir einen virtuellen Hintergrund mit oder ohne Greenscreen. Der
Hintergrund soll einerseits dazu beitragen, einen

professionellen Eindruck zu machen, und kann andererseits dazu genutzt werden, das Corporate Design konsequent, also auch in diesem Raum, umzusetzen.

Jede Videokonferenz-Software kann so konfiguriert werden, dass sie vor ungebetenen Gästen schützt. Entscheidend ist einzig, die richtigen Einstellungen vorzunehmen.

30 Sorgfältig ausgewählte Technik bildet die Basis für ein gelingendes Online-Meeting. Die Investition in ein externes Mikrofon und eine externe Webcam, möglichst mit Stativ, zahlt sich aus.
Zusätzliche Hard- und Software sowie ein passender virtueller Hintergrund tragen maßgeblich zu einem professionellen Eindruck bei. Eine Videokonferenz-Software erleichtert die Organisation des Teilnehmerbereichs.

3. Vorbereitung

Weil Online-Meetings für viele noch neu sind, sollte hier der Vorbereitung ein besonders hoher Stellenwert eingeräumt werden.

Überlegen Sie bereits bei der Einladung, welche Wirkung Sie beim Publikum erzielen wollen. Außerdem soll die Einladung so gestaltet sein, dass die Teilnehmer wissen, wann sie wo sein sollen und wie sie dem Online-Meeting beitreten können.

Wir empfehlen außerdem, einen Technikverantwortlichen zu bestimmen, der sich um eventuelle technische Probleme kümmert. So kann sich der Referent auf seine Inhalte und seine Vortragsweise konzentrieren.

Stellen Sie sicher, dass Audio und Video funktionieren. Schließen Sie alle Programmfenster, damit diese nicht ablenken. Eliminieren Sie alle Lärmquellen. Richten Sie den Arbeitsplatz so ein, dass Sie bequem arbeiten können.

Vergessen sie nicht die mentale Vorbereitung. Denken sie auch daran, dass Online-Meetings nicht die eierlegende Wollmilchsau sind. Manchmal tut es auch eine Telefonkonferenz – und oft ist es nach wie vor sinnvoll, sich persönlich zu treffen.

Eine gründliche Vorbereitung, die alle Eventualitäten berücksichtigt, ist unabdingbar für einen reibungslosen Ablauf. Wenn möglich, sollte ein Technikverantwortlicher bestimmt werden, der während des Meetings technische Schwierigkeiten beseitigt und auch den Teilnehmern bei technischen Problemen zur Seite steht.

4. Professionell präsentieren

Einen professionellen Eindruck zu hinterlassen, ist bei einer Onlineveranstaltung noch anspruchsvoller als bei einem Live-Event. Achten Sie deshalb als Erstes darauf, dass den Teilnehmenden ein attraktives Bild geboten wird. Dies gelingt unter anderem dadurch, dass Sie in die Webcam schauen. Auf diese Weise halten Sie mit Ihrem Gegenüber Augenkontakt.

Versuchen Sie – wie bei einer Livepräsentation –, möglichst frei zu sprechen und nicht ständig an Ihren Notizen zu hängen und diese abzulesen. Leider nimmt man viel weniger von den Teilnehmern wahr als bei einer Live-Präsentation. Trotzdem oder umso mehr dürfen Sie gerne zwischendurch mal lächeln.

Wenn Sie PowerPoint einsetzen, empfehlen wir Ihnen, sich noch stärker auf Schlüsselwörter zu beschränken und mehr Folien zu präsentieren, als es bei einer Liveveranstaltung üblich ist. Der schnelle Wechsel von Folie zu Folie hilft, dass die Zuschauer bei der Stange bleiben. Sonst laufen Sie Gefahr, dass die Zuschauer ihre E-Mails beantworten oder sonst irgendetwas tun.

Zu einem professionellen Erscheinungsbild gehören auch die passende Kleidung und ausreichend Schlaf. Bedenken Sie auch: Ein guter Ton entsteht durch eine starke Stimme. Sie werden mehr

Stimmvolumen produzieren können, wenn Sie beim Präsentieren stehen.

Wenn Sie wollen, können Sie auch Musik und Tonschnipsel einsetzen, damit Ihr Online-Meeting abwechslungsreicher wird. Scheuen Sie sich nicht vor inhaltlichen Wiederholungen. Nutzen Sie verschiedene Möglichkeiten, um mit dem Publikum in Interaktion zu treten. Das hält Sie und das Publikum wach. Interaktionen sind Elemente von Umfragen über Whiteboard-Einsatz bis hin zu Breakout Sessions.

5. Nachbearbeitung

Damit ein Online-Meeting erfolgreich ist, lohnt es sich, das Meeting nachzubearbeiten. Überlegen Sie: Was ist gut gelaufen und was könnten Sie beim nächsten Mal besser machen? Für diese Analyse eignet sich eine Videoaufzeichnung des Meetings. Auch werden es die Teilnehmer zu schätzen wissen, wenn Sie ihnen im Nachhinein ein Protokoll des Online-Meetings zustellen.

Eine sorgfältige Nachbearbeitung unterstützt Sie nicht nur bei der Selbstreflexion. Zudem kann eine Zusammenfassung Ihren Teilnehmern gute Dienste leisten.

Die Autoren

Thomas Skipwith ist Speaker, Trainer, Coach und Autor zu den Themen Rhetorik und Präsentationen. Mit Coachings, Trainings und Vorträgen unterstützt er seine Kunden so, dass ihnen jeder Auftritt online und offline gelingt.

Er ist Gründer und Geschäftsführer des im Jahre 2002 in Zürich gegründeten Instituts DESCUBRIS. Mehr als 25 Jahre Erfahrung mit Präsentationstechnik, davon sieben Jahre internationale Unternehmensberatung bei Accenture in den Bereichen Change-Management und Human Performance, haben ihn davon überzeugt, dass jeder lernen kann, besser zu präsentieren.

Thomas Skipwith hat das Rhetorik Center an der Universität St. Gallen HSG mitgegründet. Er ist ein aktiver Toastmaster und war Präsident und Gründer mehrerer Rhetorik-Clubs. Von 2005 bis 2013 war er mehrfacher Rhetorik-Europameister. Seine Erfahrungen, Tipps und Tricks hat er in seinen Büchern festgehalten.

Kontakt: www.thomas-skipwith.com.

 Als IT-Projekt-Manager, Autor und Vortragsredner ist der Betriebswirt und MBA **Thorsten Jekel** DER Experte für Digital Working. Aus seiner 30-jährigen Berufserfahrung im Vertrieb, in der Service- und IT-Projektverantwortung sowie als langjähriger Geschäftsführer im Mittelstand spricht er aus der Praxis für die Praxis.

Seit 2010 unterstützt Thorsten Jekel Menschen und Unternehmen bei der produktiven Nutzung neuer IT-Technologien. So begleitete er beispielsweise Coca-Cola, Transgourmet (REWE-Foodservice, Teil der Coop-Gruppe) und viele Banken und Versicherungen bei der erfolgreichen Einführung von bis zu 1700 Tablets im Vertrieb. Darüber hinaus begleitet er regelmäßig Unternehmen bei Office-365-Rollouts.

Als gefragter Sparringspartner von Geschäftsführern, Vorständen und Unternehmern zeigt er in seinen praxisnahen und visionären Vorträgen auf, wie Sie Digital-Working-Technologien für sich optimal nutzen. Als Trainer, Berater und Projektleiter bringt er jahrelange Projekterfahrung aus IT-Rollout-Projekten mit.

Weiterführende Literatur

- Jekel, Thorsten; Schmitt, Ralf: Digitale Events, Offenbach, GABAL, 2020.

- Skipwith, Thomas; Rüegger, Reto B.: Der Wurm muss dem Fisch schmecken. Mit Power präsentieren und rhetorisch punkten. 3. Auflage. Oberwil-Lieli: DESCUBRIS, 2015.

Register

Thomas Skipwith und Reto B. Rüegger

Der Wurm muss dem Fisch schmecken
Mit Power präsentieren und rhetorisch punkten

Themen, Tipps und
Tricks für erfolgreiche
online und offline Prä-
sentationen inkl. dem
Einsatz von Power-
Point, dem Power-
Präsentations-Modell,
der Clear-Message-

Struktur (10 Schritte zum roten Faden in weniger
als 30 Minuten), Tipps für internationale Auftritte
und wie Sie weniger Zeit für die Vorbereitung brauchen werden.

204 Seiten, broschiert, ISBN 978-3-9523928-6-7
Deutsch oder Englisch

Bestellen Sie auf
www.thomas-skipwith.com/shop/

Thorsten Jekel hilft Unternehmen dabei, Technik einfach zu nutzen.

Gern erhalten Sie Unterstützung bei folgenden Themen:
- Auswahl der für Sie passenden IT-Systeme und Services
- Schulung von Führungskräften und Vertriebsorganisationen in der Nutzung von IT
- Beratung und Training für die produktive Nutzung des iPads
- Vorträge bei Kick-off-Veranstaltungen, Vertriebstagungen und Kongressen
- Konzeption und Durchführung von Online-Live-Streaming-Formaten

Sie erreichen Thorsten Jekel am besten per E-Mail unter t.jekel@jekelteam.de

jekel & team, Immanuelkirchstraße 37, 10405 Berlin

www.jekelteam.de